茅以升全集

MAOYISHENG QUANJI

第6卷

工程教育

◎北京茅以升科技教育基金会 主编

天津出版传媒集团
天津教育出版社
TIANJIN EDUCATION PRESS

图书在版编目（CIP）数据

工程教育 / 北京茅以升科技教育基金会主编. -- 天津：天津教育出版社，2015.12

（茅以升全集；6）

ISBN 978-7-5309-7822-1

Ⅰ. ①工… Ⅱ. ①北… Ⅲ. ①高等教育—工科(教育)—教育研究—文集 Ⅳ. ①G642.0-53

中国版本图书馆CIP数据核字（2015）第178359号

茅以升全集 第6卷　工程教育

出 版 人	胡振泰
主　　编	北京茅以升科技教育基金会
选题策划	田　昕
责任编辑	杜　平
装帧设计	郭亚非
出版发行	天津出版传媒集团 天津教育出版社 天津市和平区西康路35号　邮政编码　300051 http://www.tjeph.com.cn
经　　销	新华书店
印　　刷	北京雅昌艺术印刷有限公司
版　　次	2015年12月第1版
印　　次	2015年12月第1次印刷
规　　格	32开（880毫米×1230毫米）
字　　数	210千字
印　　张	10.5
印　　数	2000
定　　价	25.00元

目 CONTENTS 录

习而学的工程教育

教育的解放

XiErXue De GongCheng JiaoYu

习而学的工程教育

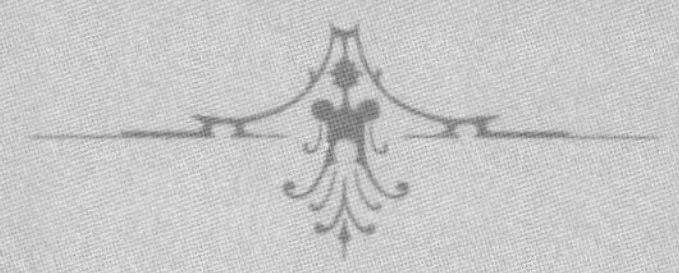

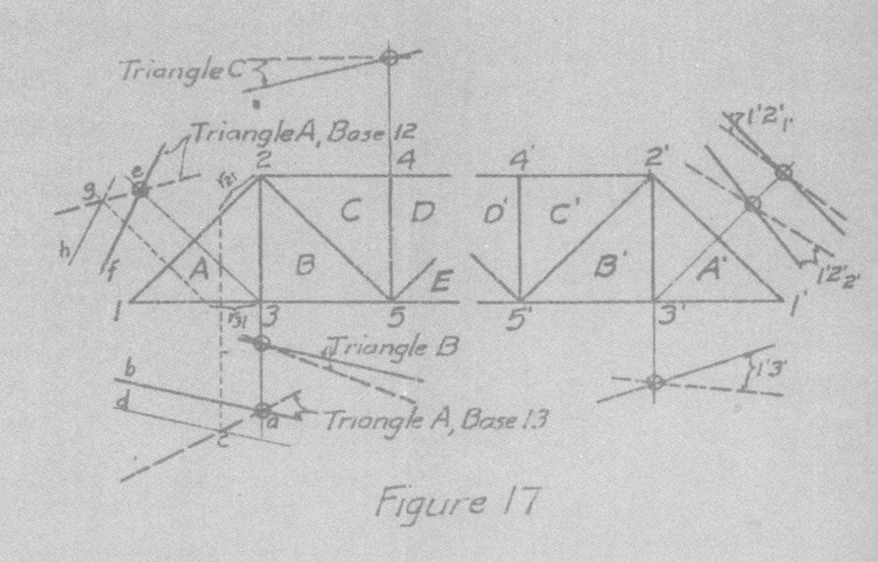

Figure 17

工程教育之研究

我国新式教育中，举办最先、成效最著者，当无过于工程教育。此诚我工程教育同人所堪引为欣慰者。然吾人遂即踌躇满志，不加省察，自封故步乎？抑现时状况，果已悉臻完善，无须改进乎？

工程教育之最大目的，在培植工程上之有为人才。此种人才，应具下列之条件：第一，善于思想；第二，善用文字；第三，善于说辞；第四，明于知己；第五，明白环境；第六，科学知识，知其所自来，及所用之方法；第七，富于经济思想；第八，品德纯洁、深具服务之精神。以我国工程教育之现状，已足尽其职责，毫无遗憾乎？据考察所得，故知其不然。然其症结究何在乎？

兹篇所述，系就工程教育之现状，加以建设之评论。计分学制、招生、课程、实习、考核、教授及服务七章。各成段落，而赘以结论。至其旨趣及范围，则有如下述。

（一）专就大学程度之工程教育立论。文中“工校”二字皆指工科之大学，或就大学之工科。

（二）我国工程教育之情形，因无详细调查，至难有精密之统计。虽有两三校为著者所深悉，然挂一漏万，毋宁从缺。篇中事实，无准确数字证明者，以此。

（三）我国工校之学制，多与美国工校相似。著者之经验，亦以此类学校为限。故发言立论，未免偏囿。阅者谅之。

（四）此篇所述范围，以纯粹教务为限。至经费、设备、管理及其他有涉行政事宜者，均从略。

（五）教育之事，头绪纷繁。欲图改进，决非仓促能成。本篇旨趣，只在列举事实，责其意见。即有建议，亦纯凭理想，未经实验。谓为研究之途径则可，改进之说，尚不敢承。

（六）篇中参考事实，独详于美国者，亦为学识经验所限。倘承欧陆学者予以指教，曷盛感幸。

一、学制

我国工校学制，虽因历史关系，颇不一致，然除少数因袭德法等国学制外，其大多数皆模仿美国。兹举其特点如下。

（一）学生入学须经本校执行之入学考试。及格后，方得录取。

（二）录取学生，照其志愿、程度，分科编级。所有各科各级之课程,均经列表规定,全班一致。每周按时上课,不得无故缺席。如是修学四年,始得毕业。

(三)各种学科包含之学识,就其性质内容,分为若干课。各系一名,略无重复。并按照一定之标准,分别前后,循序修习,不得躐等。

(四)各种课程,修毕后即经一种考试。如能及格,则对该课之责任已尽。如全级之课程,皆能及格,则该级之肄业终了。至不及格之课程,则须于下半年度补习。

(五)各课程度,以所用课本为标准。教授方法以注入督促为原则。考核制度,以划一程度为目标。

(六)所有课程规章等,一经规定甚少更动。故各校皆有特殊之情形。

以上情形,在吾人习美国学制者,大多视为当然,不觉其利弊之所在。然试取欧洲各国之学制相较,则其中优劣,有足供吾人研究者。殆其参考之借鉴也。

(一)英国　英国实业隆盛,故工程教育以实用为主。最初之工程师,只就其经验所得,发展其技能,因职务所需,涉猎于科学,并无高深教育为入世之准备,所有著名大学如"剑桥"(Cambridge)等,对于应用科学,其初皆不重视。迄于晚近,因局部之实业学校增多,程度渐跻于大学,始有陆续开办工科者。按其现行制度,最足引人注意者,则其富于伸缩之弹性。如毕业学位不仅限于在校学生,即校外学生具有相当学力者,亦可应试取得,如伦敦大学是也。此外各大学大都有三种学生:一为希冀取得文凭者;一为希冀取得学士学位者;一为希冀取得学士学位而附以荣誉者。第一类学生,只须具有选读工科之能力。第二类学生,则须经入学考试,对于本国及一种外国文、数理化等学科,均应具有根底。第一、二类学生之肄业期限,除格拉斯哥(Glasgow)大学为四年外,其余大都为三年。第三类学生,则或需四年,或仍三年而将功课加重,初无一致。至各课程之内容,则完全偏重于科学及工程方面。所有普通之基本课程,均假定于中学时修毕。学生所读功课,虽经规定,但理论部分,则除在课室讲授外,余仅示以范围,列举书名,由学生自行选读,不似美国学生所受之拘束。各科成绩,亦赖考试为稽核。但因每班人数甚少,教师照料较周,故学生之程度参差不远。此英制之大略情形也。

(二)法国　法国富于研究科学之精神。故工程教育在1760年即行开办。盖认为科学研究之分枝,与英国之实用主义有别也。学生入校,皆须经严格之考试(Concours)。其艰深远在我国之上,故录取人数极少。而入校学生之降级或不及格也为少见。各科教授方法,理论部分最为透彻。学生修习,除做题外,每星期皆有考试。年终时,各科亦有大考,为评定之根据。肄业期满，由校授予文凭，但无学位。至教授人选，则视课程而别。大抵科学理论，均延名宿，而技术学科，则聘著名工师。故法国工程学生之科学根底甚深，而攻读之勤亦为罕见。其毕业后之执业工程界，以研究改进为最大之兴趣，则固其国民性有以致之也。

（三）德国　德国工业科学，俱极注重。故工程教育之完备，亦彪炳一时。而中等教育之完善，尤为各国所罕见。兹专就大学论之。则创立机关均为各邦政府，私立者几不一见。学生入校，只需中学毕业，得有凭证，并在实业界有半年之实习，即可收录，无须经过考试，且无名额之限制。入校后亦极自由，既无班级课程之束缚，更无学分成绩之可言。盖将学业进步之责任，完全置诸学生本身，而鼓励其自动研究之精神也。其教授之任选，至为精当，不仅学识湛深，大都得有博士之学位，且其工程上之经验，尤称宏富。曾任工程重要职务至十年以上者，比比皆是，故待遇固极优厚，而社会重视教授之心理，尤为他国所少见。教授亦以是为终身职业，用能忠于所事，奋发有为。学生入校后，所选学科，概由自定，无相当之指导。每科课程，亦无规定之时间表按时上课。除应读科目由教授预为规划，以定范围外，其余修习时间、进行程序，均由学生自行酌定。且因各校之程度，全国一致，并可往来各大学之间，择其景慕之教授，随从学习。盖德国工校之教育,皆集中于一二教授之身。每校皆有其特长,而非他校所能及也。其教授方法,以造成相当环境启发学生自动能力为目标。如每一学科之主任教授,皆有其教室、办公室、图书馆、藏书室、实验室之类,互相联络,自成一组。身处其中者,宛若服务于实业界之研究室,而无学校形式之拘束。教授俨若工厂之总工师,所有学生工作,皆预为规划,监察进行,故能引起学生之兴趣,养成高等技术之人才,诚德制最良之特点。学生修习之时间,自入学起至毕业止,至少为九学期。其中最末一学期,则为预备论文之用。全期考试,共只两次。第一次在肄业两年后举行,考验其基本学科及力学之类。第二次则在九学期之末举行,考验其工程技术上之学识。此外更须有半年之实地经验,方得毕业,接受文凭。至平时各种功课之成绩,则均不加考核。即上课与否,亦无规定。此德制之大略情形也。

上述各制,各有其精髓及目的。因国情之不同,自难一律,然亦有共同之点焉:第一,分科学习;第二,每科课程之修习,依直线式前进;第三,毕业生成绩务求一律,如有半途废读者,只成畸形之工师。此从高等教育观之不能不认为当然之原则。然为广植实用人才及发展学校技能计,亦未始无研究之余地。近年来颇有工程学者力主打破此种现行制度,兹举其极端之说如下。

（一）分职法　现时工校之分科，皆依工程事业之性质为标准，如土木、机械、电机是也。选修某科者，则对于该科之学识皆当涉猎。而该科范围内之各种职务，亦假定可以逐一胜任。然人之秉质、个性既殊，且虽同一学科毕业生，同在一地服务，而其职务之性质，亦不能彼此皆同。或任管理，或主营业，或事研究，皆为各业所应用。今试就主持管理者言之。则其在校所受之教育，果能尽用于管理之事乎？其他学科因在校无暇兼顾，果于管理毫无关系乎？精于一种实业之管理者，遂不能改就他种实业管理之事乎？若任管理之事已久，深得其中乐趣，亦愿改就他项职务乎？准此以观，具见工校学生将来之归宿，必依其性质趋向，而投身于一种最适当之职务。至其在校所受之分科教育，于将来事业之所用，并不能有充分之裨益。此不能谓非分科制之缺点。美国威斯康新[1]（Wisconsin）大学教授拜纳蒂（E. Bennett）氏有见于此，故有分职教育法之提议。就各种工业应有之职务，分为研究、计划、督察、管理、营业五种。而将每种职务应需之学识技能，编为课程，各成一科，由学生自由选学。毕业于某一科者，则该职务即可胜任，而所知之事务，固不以一种工程为限。换言之，即既行之分科法为横的分类，而此项分职法，乃

---

① 今译威斯康星。

直的分类也。

（二）混合法　现时工校之课程，皆先谈理论，次及实验。基本科学，虽蓄义精奥，必习之于先。专门课目，即显明易晓，亦置之于后，此种程序，不仅减少读者之兴趣，晦藏各课之关系，且学生选课时，既不知各科之背景及真相，以资择别，修习时复无适当方法验其是否相宜，分别淘汰，于教育效率及学生前途，实多妨碍。美国康奈尔（Cornell）大学教授加拉比多夫（V. Karapetoff）氏为救济此种现状计，因有“混合教育法”之提议。将每科课程重新编制，取其性质专门，而易于讲解，足以引起兴趣者，尽量置于初二年级。其基本学科之陈义较深，应用较晚者，则酌量分配于较高年级。每一功课，视其内容之深浅，分为数目，编入相当年级。总以应用部分在前，理论部分属后，且每年功课自成一组。各组之表面相同，程度有别。照此方法，学生在第一年级时所读功课，皆属一种工程之精要，使其周知崖略，审别所选学科之当否。兴致不投者，即可及早他去，免入歧途。志趣符合者，亦无艰深理论，阻其上进。至第二年级时，则将上年之功课重新复习，但理论渐多，程度较深。如是递进至第四年级时，则工程部分已大半修毕，尚余纯粹科学之艰深而有关部分，为透彻之研究。学生经此种教育，其特长之点三：第一，修习目标，确定既早，则精神贯注，对于一切课程，知其轻重关系；第二，课程中之实用部分，先于理论，则彼此之联络关系，益为明显，而理解也更为透辟；第三，前后课程之名目相同，则重要部分必多重复，不致遗忘。

（三）阶段法　此为美国著名工程师瓦特尔（J. A. L. Waddell）氏所建议。将每科课程，分为若干阶段，程度深浅，依年递进。毕业于第一段之学生，离校后得为低级工师。毕业于第一及第二段者，则可为较高工师。各段全行修毕者，则可为高等之工程顾问及研究工师。此法之意味，介于上述两法之间。其优点在于学生以弹性之训练，以取得相当之职务。盖与职业教育之用意，如出一辙也。

以上各国现行提议之学制（工学并行见实习章），与我国通行者相去甚远，冒昧仿效固有未当，然其中不乏精义，倘能参合国情，酌量采用，抑亦当世教育家之专责矣。

二、招生

现时最普遍之招生方法，含有三种程序：第一，审查志愿入学者之资格；第二，资格相当者，予以甄别之考试；第三，考试及格者，依其成绩次序，按照预定名额录取之。

（一）审查资格　最重要之条件，为学力之证明。入学者之程度，须能与所入学校衔接，如投考大学者，应有中学毕业证书是也。此外，如年龄、籍贯等，视各校之情形，亦间有规定。

投考生之资格，是否必有凭证，始能确定其学力相当，品质俱佳，而因特种原因，未能在中学毕业者，是否即因此而剥夺其入学之权利，实为教育上之问题。然此事牵涉学制。推其极，不过阻碍少数求学者之权利。兹姑不具论。

（二）甄别考试　严格言之，资格既经审查，是已有甄别之意味，原无待于考试。美国大学之招生，往往只凭中学毕业证书为学力之证明，无须另经考试。此盖假定中学之毕业考试，于大学之入学考试，有同等价值也。然以我国中学程度之幼稚及大学章制之不统一，此种办法，一时殊无实现之可能。但照现行之考试制度，其中亦不无可议之点。

1. 现时工校之课程，大都用西文讲授。故入学考试之试题及答案，除国文外，亦相率而用西文，致多数中学毕业学生，为之裹足。

2. 入学考试之各种命题，大都由各学校各科教授担任，彼此无切实之联络及共同之标准，以致各科程度，高下不齐，而应考者亦不知所措。

3. 普通入学考试，仅有笔答一项。录取与否，即以此为衡。至投考者之志趣、品质、个性及一切状况，悉置不问，殊失甄别之本意。

4. 多数工校，为表示程度高深起见，所出入学考试之试题，往往过于艰深，而忽略各科之基本学识，此种偏于消极的缩减方法，实不足以鉴别全体程度之真相。

（三）录取标准　工校因设备关系，对于录取名额，不得不加限制。故投考者虽经考试及格，亦未能尽量容纳。只可就成绩之高下，定取舍之标准。此种限制，一时自无取消之望。然亦有应行考虑者。

1. 工校每次招生，报考人数，辄达招生名额十倍以上。录取标准自当严为规定，以杜幸进。然照普通情形，因试题过于深奥及考生程度太低之故，评卷之时，转型困难。录取标准，竟不得不随之降低。故从事实言之，各校录取新生中，求其无一不合格者，直为从来所未有。

2. 入学考试之试卷，大都由出题之教授评阅。其成绩如何，只凭主观之意见，未足为确实之定评。且最后总成绩由各科成绩均等平均，尤不足为取舍之依据。

3. 各校有因特别情形，对于考生之籍贯及情状，不得不加以注意者。往往为求合适某种条件之故，以致影响于录取之程度。

由上所述，具见现实之招生方法，以考试为中心。所谓审查录取，不过为当然之手续。今欲研究改进之道，应先问招生当以何为标准。欲达此目的，是否以考试为唯一之方法？从学校言之，每一学生之培植，须费若干之精神财力，始克有济。对于来学之士，自应悬一标准以为取舍之根据。犹工之作器，必慎于取材，嗣后之工作，始不至于虚掷。然从学生方面言之，则投考之先，本无坚定宗旨，只知就声誉卓著之学校，报名投考。所选职业，是否适当，无暇过问，而一经录取入校，其一生之事业，遂定其趋向。将来有无成就，胥视其所遁途径，有无差误，在校之光阴，有无取偿，尚其余事，则招生之举，影响于学生者，较学制为尤大。虽命为工程教育中最重要之问题，亦非过语。据美国工校统计，每一百人入工校后，有六十人不能毕业。我国虽无此项统计，但半途废读者亦必居其多数。此尤指在校情形言。若更推及出校后之状况，则此少数毕业生中，能终身从事工程、有所成就者，其数将益为减少。故从学校言，教育之效率，已极低微，而入学者所受之损失，尤不可以数计。此种现象，不能谓非招生不当所致也。

招生之须立一种标准，固无疑义。即以考试为检定甄别之方法，亦事实所容许。然考试之目标如何拟定，方法如何规划，除考试外应用何种鉴别为辅助之工具，则不可不先为考虑。

普通考试最大之弱点，在用主观方法预悬标准，而以能达此标准为合格。至于此种标准是否适当，不能达此标准者以何为区别，则悉视一己之意见，不能为公允之凭断。且照着普通方法，学生之个性如何鉴定、智能如何测验、将来能否成一有为之工师，均无从知悉。是考试之功用，不过于试卷中领略学生之记忆能力而已。

欲图补救，有先决之事三：

（一）所招学生应有何种资质、志趣、能力、体格、习惯及程度。

（二）欲洞悉以上各项之真相，应用何种检查方法。如须用考试，则每项应有何标准，其测验之法如何。

（三）各种考试及测验，应如何始能免去主观之臆断，而得可靠之结果。

工程师之事业，大都偏于物质，用客观方法，原可量度其成就，故工程教育亦不难借科学方法，图其进步。美国哥伦比亚大学教授桑戴克（E. L. Thorndike）氏，曾用极精密简单之客观方法，考试某工校之第一年级生。就其结果，推定各生在校之已往及未来成绩，与事实若合符节。是足见招生问题已有解决之可能也。[据开莱（T. L. Keller）氏之研究，若仅用五种关于数学及两种关于填字之考试，则于五小时内，即可周知一学生之程度及特性。]

三、课程

我国工校课程，大都抄袭欧美，而以美国式为尤夥。究其内容，是否为最良之制度，能否适合我国之现状，皆应予以充分之考虑。盖美国积多年之经验，已深悟其现行制度为有改进之必要也。美国工校，大都附丽于大学，为文理科所主宰。故其历年进展之途径，多受各方之牵制，与法医等科之发动于各该业之本身者情况不同。故效率亦相形见绌。如医生、律师几无一非大学毕业生（指美国），而工程师之受有大学教育者为数盖鲜。此不能不归咎于教育方法之失策也。然课程为实施教育之主要工具，欲求教育之实效，自当首谋课程之改进。

（一）课程次序　工程为应用科学，故现时之工校课程，有一公认之点，即将各种纯粹科学置于专门学科之前，而假定理论必先于实验是也。如学生之在一、二年级时，必先授以数理化之科学及人文课程。至三、四年级时，始有各项专门技术之学科。即每种课目之内容，亦必先谈理论，而继以实验。基本科学，虽蓄义精奥，必习之于先，专门课目，即显明易晓，亦置之于后。此种程序，完全受大学文科之影响，而实有悖于教育之原则。盖人类求知之欲，发源于好奇之念，今先授以精深之理论，而不使知其应用之所在，则不但减少求学之兴趣，且研习理论，亦不易得明彻之了解。此外尚有连带之障碍如下：

1. 学生入校之始，若先授以理论科学，则与其在中学所习者，除程度深浅不同外，无多差别，不能引起对于所习工科之兴味。

2. 普通学校规章，升级次序，不能躐等。今科学理论在前，而工程课目在后，则有工程天才而于高深理论欠缺者，势必先受淘汰，而理想高超不宜工程者，反随众升级，致入歧途。

3. 工校分科（系），大都始于第二年级。今第一年级之课程，既属于理论科学，与各种工程，同有密切关系，则学生不能鉴别各种工程之异同，为选择学科之准备。

4. 理论科学原为工程之基本学识，但两者之关系如何，轻重何在，一、二年级之学生，往往不能识别，只就课堂所授，囫囵修习。及至升入高年级时，处处应用科学，反不知其关键之所在。

5. 工程事业，日新月异，困难问题，随在皆有。今学生在校，动将理论归纳于事实，则此后解决工程上新事实时，将有不知所措之感。

根据上述原因，现时工校，已觉现行制度之不当，故有多种提议，以为补救。如：第一，在第一年级时，加入简易工程课目，如测量工厂实习之类；第二，在第一年级时，请工程界名人常川演出，并外出参观；第三，从第一年级起，将理论及实习课程并行，一半时间授课，一半在厂实习（见实习章）之类。然除第三法外，其余收效甚微。今人有提议先授工程课目，次及理论科学，将现行程序完全倒置者。然事属创举，变动过巨,非经长时间之缜密研究,恐难遽成事实也。

(二)课程内容　工程课程可分为三部分:第一,基本课目;第二,专门课目;第三,选修课目。第一部分为各种工科之基本学识,第二部分为某种工程之必需学识,而第三部分则参酌各生情形规定之选课也。

1. 基本课目　此为各种工程之中心课目,盖一切工程,均有其共同立足之点,如纯粹科学(数学、物理、化学等)、机械艺术(绘图、测量工厂实习等)、文学(本国及外国语)、经济及管理等类是也。唯各类之内容则因各地情形不同,观念互异,至不统一。如以微积分之课目而论,则在美国有两校规定钟点相差至四倍以上者。其他如关于文学、外国语及工厂实习等课之争论,至今也尚无适当之解决。尚有一普遍之现象,即此种基本课目,各自为政,彼此固无联络。对于工程本身,尤无特殊关系。所谓科学课程,只系纯粹科学,对于工程上之应用,甚少注意。工厂实习,只系学校一种功课,无实业界工厂之环境。而文学课目,则故与工程分离,以为庶可领略高尚文化之空气。此种现状,固由于组织之不善(如文学由文科教授主持,与工科无涉),而亦课程内容无审慎研究所致也。

2. 专门课目　近世科学进步,一日千里,工程之发达,亦不可预期。最初之工程学校,只有一二科者,今则扩充至六七科。昔日每科之独成一类者，今则复分为若干系。工程之范围愈广，学校之分科愈细，而学生之择业乃愈益艰难。昔日之学生，只需于土木机械及采矿工程中任选其一，今则分科之数，无虑数十，如飞机、农工、营造、汽车、桥梁、凝土、造瓷、化学、土木、建筑、电机、暖室、取光、道路、水利、管理、船机、机械、冶金、采矿、铁路、卫生、汽机、机车、动力、纺织、造船、电信、测绘等，均各成专门工程。欧美之工校，往往十科并设，我国虽未臻此境地，分科比较简单（但唐山之土木、南洋之机械及电机，均于第四年级时各分三四门不等），然即以现在通行之土木、机械、电机、化学四科而论，其名目虽同，而内容亦多差别，各有所偏（如同为土木，唐山重铁路，河海重水利）。至每科课程，除所谓基本者外，其余应以若干为该科必修课目，理论与实验如何支配衔接，每种课程应有若何内容，需用若干时间，则更无恰当准则矣。

3. 选修课目　工程学校之选修课目，有两种性质：一为专科之高深课目，一为工科以外之课目。盖前者所以资深造，而后者所以谋广博也。在美国工校，两种均有规定。我国则尚未达通行时期。除第四年级各校间有选修课程外，其余三年级之课程概经规定，无抉择之机会。

（三）课程容量　以上三种课目共需之时间，普通规定为四年。但每种应占之比例成数，至不统一。最大原因，即在学科之增多，与每科范围之扩大。依现时工程发达情形，若欲于在校读书之时间，周知一科之学术，实为情势所不许。今于去取之间，既有所择别，则其规划，自必因观念之不同而互异。故课程之种类日多，教务实施，遂发生两大趋势。

1. 将每科课程，择其性质比较专门高深者，分为若干组。由学生任选一组修习，而不顾及其他各组。

2. 将学生之修业年限，延长至四年以上。在此时间内，将各组之重要功课，尽量分配修习之。

我国工校虽不逮欧美之恢宏，然已感觉课程拥挤之困苦。故唐山、南洋两校，已有分科分门之举。延长年限，除前东大工科有此提议外，尚未见诸实行。其他各校，则仍就四年之时间，将应有课目，尽量容纳，因此发生之困难，遂日甚一日。兹举其关系较重者如下。

1. 课目太多，学生之时间不足以充分预备，但为求升级起见，不惜将课程支离割裂，强忆其所谓重要之点，希冀勉强及格。至各课之精义、彼此之关系及实际上之运用，均无研究之机会。

2. 课目既多，每课之时间必少，而内容遂趋于简陋。

3. 实验功课，虽为课程之重要者，但因占时较多，往往设法缩短，或竟尽量删免。

4. 同时修习之课目太多，则意分识乱，难辨轻重，减少读书之精神,增加教授之困难。

5. 学生终日疲于功课,无闲暇时间,为身心修养之需。

6. 课目增多,难免无内容重复之处。不仅减少兴味,抑且虚费时间。

7. 工校教授,大多为该科专家,对于所授功课,具有特殊兴味,往往将课程内容,逐渐提高,以显其博。而其教授下之学生,处境乃愈苦。

据美国专家意见,按照普通学生之能力,每星期能贯注精神潜心研习之课程,其学分总数,不能超过18(每一学分指一点钟讲授,两点钟预备,或三点钟之实习),而同时修习课程,不能超过五种(美国 Rensselaer 理工大学[①]同时只准修习三种,故较短课程,于半学期内即行修毕)。此种标准,虽属假定,然倘能参照实行,于学业之进步,未始无补也。

以上为现实课程之概况。综其病状,则有如下述。

1. 现时编排课程,大都只定各种功课应需之时间。至每课内容,则由该课教授在应得时间内自由支配之,以致各课内容,缺少联络,彼此不能呼应,且程度容量,参差不齐,即同一功课,因主教者之不同,亦先后互异。

2. 讲授之功课,与实地工程,殊少接触。虽各校皆有工

---

① 今美国伦斯勒理工大学。

场及实验室之设备，而所经事物，仍不出书本范围。既无工程上环境启发其兴趣，复无实际上问题为自动研究之督促。

3. 课程分目，本属假定。今各课既少联络，则如何融会贯通，陶钧运用，胥视学生个人之能力。学校实未尽指导之责。

4. 学科太多，分类太细。究其实际，常有无关紧要，互相重复，或可以自习之课目，羼杂其间，以致学生之精神时间，往往不能贯注于中心课目，以收事半功倍之效。

5. 各种课程之内容，因人地关系，至不统一，虽同一名称，而实质迥异，以致各课之标准、程度及教授方法，均随主观而定。

6. 学生所受功课，大都偏于物质，对于人事及经济，殊少注意，耳濡目染，渐成机械化，无开阔胸襟、远大眼光，为应付人事问题之助。

7. 各种实施之成绩，无客观方法为测验之工具，以致进行时不易周知利弊，为改进之指南。

以上为现行课程之通病。欲事补救，其道多端，兹就其症结所在，略述解决之方，为参考之一助。

1. 各种工程师应有若何之基本学识、办事才力及资质、个性方能胜任，应先加研究。然后就其必备条件，规划各科应有之共同课程及每种课目应有之内容与程度，用为一切工程学科之中心课程。

2. 每种学科之课程，为该科工师所必需者亦为同样规划之。

3. 按照以上大纲，将所有各科应需之时间，用客观的方法求得之。

4. 各科之内容及时间，既经规定，则照各科情形编制课程表。但每学期内每生所修之课程，不得多于五种。每星期内每生修习课目，不得超过18学分。

5. 在一、二年级内，应多方输入工程课目及工程实习，并予以充分接触工程之机会（即在三、四年级之专门课程，可设法酌量提前）。

6. 各生所受之教育，应以知识广阔、学力充实为原则。分科不可太细，人文学科应多加涉猎。

7. 工程之最大目的，为促进生产，故学生之经济思想、效率观念，应先为培植。

8. 实验课程应以解决问题为目的，不徒为证明理论之附品。

9. 各种课程之实验及理论部分，必须融合无间，互相阐明，其程序分量，皆应妥为规划。

10. 各种专门课程，应与当地之工程界发生密切关系，庶有实地练习及参观考察之机会。

11. 各学科之特殊课目，应定为选课，由性质相近者选习之，但不宜过于精细。

12. 各种课程之内容，均须敷陈精义，避免重复，且应彼此联络，前后贯串。

13. 各种学科所需之修业年限，应以该科课程之内容为主，不必求其统一。

四、考核

学校教育应以启迪感化为原则，学生在校，倘能各尽其责，毋荒毋怠，则现行之考试制度、记分方法，原不过为消极之甄别，然此种玄虚理论，远于事实。盖考试之最大功用，在鉴别各生之个性，测验教育之效率，以为职业指导及教务改进之张本。若其观念错误，有失考核之真义，则无怪现时废考说之日嚣尘上矣。我国年来教育不振，各地考试，往往有名无实，固不必论。工科学校素以严格著称，然其考核之结果，亦尽可凭信乎？

工校学生，自入校起至毕业止，四年之内，不受打击而能循序升级者，为数甚少。据美国统计，此项按期毕业学生，不过占其入校时同班学生40%，其余60%，则因身体、学力、经济、家庭等种种原因，不待终业，即离校他往，或须延长年限，始能修毕。我国工校情形，在昔时亦与此相类。近年来虽此项毕业成数较高，然是否因中等教育之进步，抑大学程度之衰落所致，尚无从确定。但工校效率之低微，固无疑义也。

1. 据考查所得，各校之降级学生，在第一年终为最多，约占总数之半。第二年终较少，约占总数四分之一强。可知第一、第二两年之功课，最足使学生退缩。而长于该项功课者，则此后无忧。然则第一、第二两年之功课，果足以鉴断学生之工程趋向乎？照现行制度，此两年之功课，均属纯粹科学及文学之类，而专门技术课程为仅见。是多数学生在未曾领略工程意味之先，业为普通性质之功课所淘汰，其中如有富于工程之天才，亦必因此而遭屏弃。

2. 设取任何工校之历年成绩，而加以分析、研究，则可知物理、微积分及力学三课之成绩，均为各课中之最低，而亦为多数人降级之关键。即就其及格升级者言，此三课之成绩，至少亦有半数为勉强及格。足见每一百学生中，虽有四十人毕业，而其中之二十人，则对于基本学课，并无满意之成绩。然此类学生毕业后，遂终身困顿，永不能成良好工师乎？据调查所得，则又不然，有时且适得其反。其故安在？

3. 各校之成绩，以记分为凭证。但记分乃一极无标准之方法，全凭主观臆断，其陈述试卷如作文者无论矣，即工程之专门学课，亦多凭记忆能力，而不能灼见其理解之程度与运用之能力。故学生之才识往往受他种影响（如文学之类），不能尽量呈露。而为教师者亦只就其个人之习向，将考试试卷为约略之估价。至所估是否恰当，则无从辨别矣。

4. 教师之观念不同，故记分方法亦各有其所本。或就平素成绩为伸缩之根据，或定一极深标准，务使成绩减色，以显其授课程度之高，或偏重叙述体裁，或讲究图表简洁，行之既久，不期流露教师心理，乃成学生研究之资料。同一学校，同一学课，同一学生，而因教师之更迭，程度乃随之升降。此种现象，足以减少成绩证明之效用。不仅转学不便，而毕业后不能得服务处所之信任，尤足为前途之障碍。

5. 各校考核之最大标准，即及格与不及格之分。通常以得六十分者为及格，不足六十分者为不及格。其及格者可以升级毕业，不及格者则须补考补习。故学生心目中以六十分为最大关键。倘成绩能在六十分以上，而各科成绩皆能如此，自可按时毕业，毋庸顾虑，浸假而养成一种敷衍之习惯。其素性懒惫无志进取者，以仅能及格为满足，固无论矣。即天资颖异、才力过人者，亦以努力进步，无论得分多寡，其结果亦不过及格而已，与其他勉强及格之中等阶级，固无差异，所费之精神脑力，无所取偿，积久亦渐为中等阶级所同化。甚或受同班之威逼，而不敢过于猛进，以招嫉妒。此种现象，为人类之天性。犹工厂做工，只以到时散职为念，而毫不记其当日之成就。现时学校中已有见及此弊，而思有所改革者，如颁发各种荣誉奖牌，以启诱其虚荣之心（昔日学校之榜示，与此意正同），或准予免缴学费，以动其功利之心。然皆无补于事实。且值今思潮激荡之际，由是足见其迂阔，而各生之懈怠如故也。

6. 以上尚系可以记分之成绩。若论及学生之操行品质，各校虽皆有极严之考核章程，实施则漫无准则。既无各种测验为辅助，更无客观标准为评判。故任取一校之操行成绩观之，几乎人人雷同，不相上下。足见现行方法之无据。

综上所述，可得现时考核制度之病源如下。

1. 受招生及课程影响。

2. 成绩记分无超然客观之方法为凭断。

关于招生及课程之问题，前章业有论列。则述第二项之补救方法如下。

欲求一超然客观不涉游移之考核方法，其必备之条件有七。

1. 考试之性质，须能确定工程师必具之才能学识。

2. 每种考试，只验一种才能，视为单独动作，庶该项才能可以表现。如考试数学，则以数学为主，不计其他无关之事实。

3. 每项考试之命题，须按程度深浅遵循一定之次序。每两题之程度差别，务求大略相等。

4. 考试学生，须能使其不假文字之力，而充分表现其意思及才识。

5. 考核成绩时,以学生能了解问题之程度为断。所有评判者之主观意见,须减至最低限度。

6. 考试成绩,可以用最确切数字表明之。

7. 无论何种课目,随时随地可以应用而不失其功效。

按照以上条件,现实考核制度,唯体育一门尚可迁就,其余多不适用。美国哥伦比亚大学之桑戴克教授,曾拟有一种考试方法(见招生章),需时极少而结果异常确切。曾费八小时之时间,考试四十名之工校毕业生,就其所得结果,与该生等服务多年之成绩相比较,高低之判,如出一辙。是可见考试之法,固有改革之道可寻也。

工程师应备之资格,除学识外,品质至关重要。然此事最难衡鉴。若摈除主观之臆断,则尤无着手之余地。美国辛辛那地(Cincinnati)[①]曾拟有工程师品质标准表。由全校教师将校内学生各为单独之评判,然后集合众志,定其等第,结果颇为圆满,似可仿办。其标准表所列之品质,计有16项,每项定有正反二类,由判定者圈定,无解说之必要。兹将其项目列下。

(1)体强—体弱;(2)劳心—劳力;(3)镇定—飘忽;(4)

① 今译辛辛那提。

室内生活—室外生活；(5)指挥—依赖；(6)创造—模仿；(7)狭隘—开阔；(8)适应环境—深自满足；(9)慎重—率性；(10)音乐嗜好；(11)颜色嗜好；(12)行事准确—行事疏忽；(13)思想准确—思想疏忽；(14)神凝—纷乱；(15)构思迟速；(16)活动—沉静。

五、教授

往年我国工校教授，大都系延聘客卿充任，以致教授设施，处处以模仿西法为原则，未能适合国情以求实效。且西法本身，未尝无过。漫于抄袭，缺漏兹多。几年来我国专门人才，日盛一日，各校教席，逐渐为本国人士所担任，然历年遗规，依然存在，而西法之利弊，亦不难于此中寻之。

1. 各种课程，除本国文外，大都用西语讲授，课本之输自国外，固无论矣。即讲解答问，口验笔试，亦无一非西语不办。

2. 教授方法，或用课本，或凭口述，或重复练习，各依教授之主观见解为意，不求最适当之方法。

3. 授课程序，轻重徐急，各自为政。无彼此参商，无互相联络之协调动作。

4. 授课以灌输知识为唯一要义，对于生徒之创造性如何启诱、智力如何发展、个性如何鉴别，多置不问，以致学生受教日深，机械性日重。

5. 课程内征引之事物及学术之应用,多援国外之例,不能引起本国学生之兴趣。如工程材料,中外不必尽同。然我国学生,对于本国材料则异常隔膜。

6. 我国工程幼稚,课程内所述工程之事物往往为目不经见,而又无相当模型,为讲解之助。

7. 欧美之工校范围甚广,生徒常逾千人,教授也过百数,分科既多,人才亦众,因此发生科自为政、彼此隔阂之现象。我国工校教授多者不过二三十人,然人各一科,自为主宰,所有课程内容及教授方法,彼此亦不相讨论,此盖受科自为政之影响,而客卿所输入也。

8. 学生受课,如考试及格,则此课之责任已了,即日后发现该课程度不足之事实,亦无从补救。如英文、数学已经及格之学生,若在他课修习时,发现英文纰缪或数学错误之凭证,则至多唯有在该课设法,而不能重修英文或数学。

工程教授,大都系本科专家,对于教育方法,无多研究,故施教效率,至为低微。若在可供测验之课程,如绘图工厂等,尚不难自求其症结。此外课程,则学生实得几何,殊无确切方法可资考验,故改进亦非易矣。然我国学生之通病,据经验所得,亦有足述者。倘从此入手,不无途径可寻也。

1. 好问为求学捷径。然我国学生,大都深自敛抑,不愿于广众之间,质疑问难,积久自成习惯,播为风气。而为教师者，乃不能周知学生之隐曲。

2. 我国学生富于模仿，而缺乏独立性质，故课程之有分组练习者，每一组内只有极少数人实心从事，其余大都迟徊观望，不求甚解。

3. 缺乏常识。往往实验或计算结果，显为事实所不许者，亦不知其错误所在。

4. 重视考试而不求所学之应用。虽博闻强记，但对于浅近事实，不知解说，寻常工作，不知措手。

5. 读书方法，未尝研究。以工校课程之繁重，遂觉难于应付，而只求及格为能事。

教授方法，本视课目而异，无一定之界说。然据美国工程教育家之研究，则工程课程之教授，若参照下述方法，斟酌仿行，必可获较佳之结果。

1. 通常有实验之课程，其教授次序均为讲解、问答、实验，即理论先于实验。但为考查学生之悟力、增加学生之兴味起见，若将其前后次序，稍加更动，使因实验之故，而自答其所问不明之理，再行讲授，则收效必速。

2. 各种异名之课程，应重加整理，其性质类似者，即合并为一，以减分歧。盖课程之命名，原属假定，其间并无严格之界划也。

3. 课程中须征引日常目击之事物，以增兴趣，对于有关经济人事之问题，尤当特别注意。

4. 各科教授，应时常彼此接洽，借以考查各生各课之程度。如发现某生某课之弱点，不论该课是否为本人所担任，或该生读该课时业已及格，均须公开讨论，速谋补救。

5. 各课应用之标本模型，应广为设备，以便讲解。

6. 学生心理，应时加研究，如发现不当之点，应从速设法矫正。

六、实习

工校课程中之理工部分，几无一不可辅以实验或练习，为阐明理论及增长技能之助。唯事实经济，俱有限制。各课皆求其备，自所难能。只有视其性质内容，酌量择要举办，期于学校之范围内，得有充分之机会。此工校计划实习课程之原则也。然各校因境遇之不同、观念之歧异，现行方法，至不一致。其因经济困难、设备简单，以致实习课程徒具虚名者，姑不具论，兹就资望经济相当之学校，别其趋向如下。

1. 在未授技术课程之前，以一定时间，令学生逐日至校内工场，目击各种机械工作之程序及方法，并由教授从旁讲解，以便洞悉其原理，但无自行工作之机会。

2. 将必须实习之课程，各指定修学时间，按照性质内容，设立各项实习功课。此种学校工场，须有相当设备，学生始能悉数参加。故较前法费用较巨。

3. 将校内工场，参照商业厂所之情形组织之。所有设备工作等状况，皆求其逼似学习之时，按照一定计划，分别任事。时期届满，则各人所经工作，适足造成一种工业制造品。价值务求其廉，工作务求其精，以便与市场之同样物品竞销（实际上学校出品成本必巨，但因人工不计值，故售价可低）。此种方法，不仅使学生得有工作之技能，且使周知商业制造之内幕。

4. 上法虽甚完备，但制造一种物品，其中类似工作极多，且为时间所限，物品种类必甚简单，以致有有余不足之憾。今若将一切制造之工作，加以分析研究，求其共同之基本工作，用为校内实习之蓝本，则时间节省较多，而所知为更广。此法各校仿行者最多，然工作时无商业制造之空气，出品无市场竞销之可能。则其结果必将使学生忽略经济上之问题。

5. 读书实习，同时并举。将学生分为两组，当一组在校读书时，其他一组则派往临近商业厂所实地工作。各以两星期为一周。期满互易其地，轮流工读。厂所之性质，各有不同。每一厂所之工作，亦预为分配。学生每次实习时，应入何厂工作，皆由学校指定，并派教授随时到地指点。如遇困难较多，或理论较深之处，则于读书时间讲授，务使理论事实得以完全沟通，互为验证。似此办法，如以五年为期，每年工作 11 个月，则所有学校规定之课程，皆可如期修毕。较之其他方法，在校修业四年，毕业后仍须实习多时者，堪称事半功倍之良法。此种学制，最初由美国之辛辛那地(Cincinnati)大学创行，在工业城市之学校，俱可仿效。盖此法从厂所方面言之，则学生工资低廉，且可培本厂需用之人才；从学校方面言之，同一设备，可容成倍之学生，且一切实习设备，皆可从减；从学生方面言之，费时五年而得两年半之经验及大学之教育，且理论事实均能融会贯通，所获尤为切实；至费用之减省、出路之无忧，犹其余事。此诚工程教育中别开生面而效率最巨之学制也。

我国工校因受经济影响，设备多不完善，以致实习与理论课程，未能占同等之地位。而毕业学生偏于理论，亦即成一般之舆论。实则学生中因多体孱畏劳、不能任重者(此招生不当所致)，然大多数则以在校欠练习，出校少观摩之故，致未能得社会之信仰。此其责任固应由学校担荷也。欲图补救，自非整顿实习课程不可。然以现时之工校状况，欲求如欧美之完善，既不可期，亦唯有择其比较易行者，参照原有设备，尽量扩充而已。上述诸法中，第一、第二，均病其简陋。第五虽属最上，而又为我国现状所难能。唯有第三、第四两法，尚可采用，而以前者尤为经济。各校中之机械科、化学科，虽已有类似之办法，但其出品之种类数量，均极简单，且工作者未必尽系学生，各生所经之工作，亦未能始末悉备。

倘能加以改进，或亦足为整顿之初步。至土木科课程，除测量外，实习较难。应如何与校外之工程事业联络，以为参观或实习之场所，亦为工校之一问题，而现尚未臻完全解决之期也。

七、服务

科学以探索真理为目的。其工作结果，于人类生活有若何之关系，所费之精神、时间、财力，是否足以取偿，初非始料所及。工程则不然。其唯一使命，在应用宇宙间之事物，以谋人类生活之幸福。故着手之先，即应有一预定之目标，为进行之归宿。所有科学知识、艺术技能以及经济之研究，皆为其趋赴目标所需之工具及应用之方法。而其主要观念，故不在科学艺术或经济之本身，能有若何之贡献。此种区别，虽难严格确定，但工程师之事业及活动，自有其一定之范围与趋向，则固显然之事实。而工程教育所异于文理等科者，亦不难于此中寻其端绪。今试将我国工校现状，就此点研究之。

1. 所有课程中之纯粹科学部分，如数理化等，因系基本学识，均异常注意，务使学生有充分之了解。其鞭策方法，与文理等科初无二致。

2. 所有关于工程之专门课程，力求其内容充实，理解详明，务使学生洞悉窍要，周知崖略，任举书中一事，能照课堂所授,背诵其原委。

3. 所有实验课程,就设备所及,财力所许,务求完备,使学生就指定范围内领略实验室中之世界。

4. 所有理论课程之考核,均务求严格,而以试卷为评定之依据。其实验课程,则只须按期毕事,考核标准,亦较有伸缩。

以上为工校之最大目标,即使完全达到,所教育之学生,充类至尽,所知亦只限于各种理论及理论之征验。至各种理论应如何融会衔接,固未计及。即有资质超迈之学生,能自求沟通,同冶一炉,而理论如何能用于实际,亦依然渺无准备。盖其所受之教育,有使其不得不然者。

1. 据多数工程师之意见,工程师成功之要素,至少计有六项。依其重要之次序,即品行、决断、敏捷、知人、学识及技能。以上仅最末之学识及技能两项,为现时学校所注意,其他四项,虽系天赋,然学校既无测验之法,复无培养之方,以致无从进步。

2. 无论何种工程,所包含之事物,不外真理、材料及人工三项。普通工程学生,对于工程理论,固有几分把握,材料、人工,则所知已属有限,若与材料、人工有关之经济问题,则更为隔阂。

3. 效率为工程师最要观念。同一工程,其消耗精神、时间、财力最少者，斯为上乘。然工程学生，对于一种工程，或能稍知其梗概，若以同一功用之数种工程，使为较量其效率之等差，则必难于解决。

4. 工程管理中之最大困难，即人工之进退调遣及其发生之影响。除劳资问题溢出工程问题外，即就人工本身言之，如雇用之选择、奖励之方法、报酬之标准、工作之训练等，均为工程师应有之责任。然工校学生对于此种问题，固已研究准备妥乎？

5. 工程师之职务，偏于物质。接触既久，往往有生活干枯、行动机械之烦闷。虽因研究经济及人工之对象，不时有窥察社会内情之机会，然倘为物质所囿，不于陶情养性之文化学科中，求有相当之了解，则一方使其胸襟狭隘，不能应付诸般之问题，一方使其观念错误，不能领悟人生之真谛。故将来之工程师，必须有生活化之趋势，始足成伟大之事业，而增高其社会上之地位。然现时工程学生所受之教育及其历年所处之环境，固仍使成机械化也。

以上列举之弱点，虽为工校之通病，然其重要实不亚于科学之研究。历来世界著名之工程师，无论是否是工校出身，而其能力器识固无可用以测验其成功之程度。我国现时实业不振，工程师之事业尚无多表现。沉屈下僚者既居多数，身亲要位者复故步自封。对于工程所负之使命及应尽之责任,殆无察切之觉悟。上述种种,或不感觉其重要,然为将来之工程师计,则工校固未可漠然视之也。

就我国之现状言,已往之工程教育,于实业之启发,不能谓无影响,然其程度则至为微小。工程专家既时为实业界所排挤,而工程学生更不为实业界所采用。其间有无形之畛域,足为双方接近之障碍者,则诚工程教育之急切问题矣。

我国工校毕业生服务之状况,因无详确之统计,难为切实之研究。然就所知之情形及各方之阅历言之,则实难满意。

1. 除交通部立之工校,其毕业生皆派往路电各局练习服务外,其余工校毕业生之出路问题,每为办学者最大之苦痛。盖实业既不发达,需用自少。而每年培植人才,则以数百计。供求悬殊若是,求一生活之地已属不易,更不遑计及其他。

2. 即以交通部立之工校而论,其毕业生虽有派遣练习之举,然考其实际,则练习之所与学校每多隔阂,其视学生之练习与普通员司之服务,初无特殊之差异。训练方法既鲜注意,升调之途亦无规定。较之欧美实业厂所之训练学生,每人有一定之计划,每日有一定之工作者,相去不可以道里计。故虽名为练习,实与派差无异。学生纵能苟安自满,其如教育之目的何?

3. 其他工校毕业生之出路,只有就各人之能力机会,随遇而安，不能过事苛求。如在工程机关服务，已属幸事。至其职务是否需专门人才，性质是否属所习学科，个性是否适宜，前途有无希望，均无暇过问。

4. 在政府之技术机关任事者，除极少数之中外合办者外，大都如入仕途，毫不感觉其教育之重要。所谓官僚气习，不唯不时求其免，且日求其精，以为登庸之捷径。此种已完全失去工程教育之本义，最堪惋惜。

5. 在外人所办之实业机关服务者，固外人办事，比较认真，且有营业关系，不能敷衍，故所得阅历较多。虽不能如欧美训练之切实，然在国内已为难得之机会。其最大之缺点，即行事过于机械，不能养成伟大之人物。楚材晋用，原亦不能求全责备也（其他缺点，如中外待遇不均、国家观念薄弱，皆不在本文范围之内，故不论）。

6. 我国人自办之实业机关，除由客卿主持者，其利弊略如上述外，大都眼光浅近，不以提携工程学生为责任。其规模广大者，以工程为深奥莫测之能事，非延外人主持莫办。规模狭小者，则又以节省经费，只以雇用工匠为了事。故我国之工程事业，多半为外国工师及本国工匠所把持，几无工程学生插足之余地。

7. 近来工程学生曾受欧美之教育及有实地经验者，愤国势之积弱、实业之凋残，多有自行集合组织公司厂所，以与恶势力奋斗者。然其技术虽精,学识虽高,而于本国实业界之内情则完全隔膜,以致倏起倏灭,不能经长时间之检验,依然无从改善其环境。

8. 除上述各途外,其余工程学生,大半以教育界为生活。上焉者得一工程学校为讲学之地,将其本身所得之学识经验,传授于来者,期其能创立工程事业,继本人未了之志。次焉者则求一任何学校为生活之所,不复更做无益之奢望。此类既不以工程为专业(Profession),更不以教育为职业(Vocation),而为多数优秀分子所栖迟,诚我国工程界最可伤痛之事实也。

据上述之情形,可见工程教育在我国实未尽其功效之万一。从美国教育史观之,工程教育自始即附属于文理等科,不能与法医等科有平行之地位。而实业家对于工程师之可由学校培植,尤深致疑问。故彼邦工程学生之出路,亦几经困难,始获得今日之结果。然求其足为一种事业之中坚者,仍不多见。可知工程教育本身,仍有其应负之责任。我国工程教育中病之深,较美为尤甚。盖以实业之不能与日俱长,对于工程教育之始终怀疑,其所以造成今日之现象,固非一朝一夕之事也。

然实业不振,不过为暂时之现象,教育不良,亦非无改进之可能。只在求其症结,谋所以互助合作而已。试举其途径如下。

1. 工程教育本身应先加改进，务使入学者有工程师之志愿及资质，毕业者有工程师之技能及品德，如本文所提出。

2. 实业界须有觉悟，应自知内容不免腐败，如管理无科学方法、执务无专门人才、出品仍未尽善、成本亦可减低。倘衡以欧美新法，一一考察，则发现之缺点必多，而感觉高等技术人才之需要。

3. 实业界应与教育界接近，互明彼此需要而以为合作之基础。如工校教授应与实业发生特殊之关系，编列课程应迎合实业界之需要，教育方法应征实业界之意见，研究结果应供实业界之采用。而实业界对于工程学生，则应予以充分实习之机会，登进员司，应依其教育为标准，工校困难，亦应尽力予以协助。

4. 工程学生应以置身工程为原则，而以实业界服务为前提。坚苦耐劳，实心任事，以取得实业界之信任，为最大之目的。

依此趋向，最有效力之实行方法，自无过于工读并行之实习计划（见实习章）。此在我国虽觉其过早，然果实业界感觉工程学生之需要，则及时准备，小试其端，亦未始非工程教育福音也。

八、结论

以上各章所述，我国工程教育之现状及其利弊之所在，只系就观察访闻所得之印象，约略加以评论。按诸事实，既无精密统计，为确切之佐证；推其理想，更乏适当场所，为具体之征验。但其效率之低微、改进之需要，则昭然若揭矣。

兹将上述各种问题，分类总结如下。

（一）工程教育之功能及责任

1. 工程学校对于高等理工教育之以文科为蓝本及专门技术教育之以法医科为蓝本者，应有若何之态度。

2. 学校课程应如何规划，始能与实业界之需要相呼应。学生学术应至如何程度，始副实业界之期望。其专门技能应有若何标准，始能投身服务。普通知识应如何发展，方能深造有得。

3. 教育计划，应以学生资质为标准，抑随实业界之需要为转移。课程之编制及内容，应如何伸缩以期双方兼顾。

4. 学生毕业后服务时所需之训练，除服务场所应担任者外，学校应负何种之责任及继续训练之方法。

（二）编制课程之原则及教法之改进

1. 课程内之科学、技术、经济及人文等部分，应各占若干时间，其教材内容应如何编订。

2. 每一学科之各种课程，应如何沟通联络，以期贯串。

3. 实业界之工程上及经济上各问题，在课程内应占何种地位，始足为阐明学理增广应用之助。

4. 教授方法之改进，应有如何趋向及程序。

（三）学生及师资之问题

1. 招收学生，应用何种方法鉴别其志趣及资质。其性格不合之学生，应如何淘汰。入学程度应如何规定，始能与中学衔接。学生择科选课时，应如何指导以收事半功倍之效。

2. 学生在校，应如何考核成绩。不良之学生应如何淘汰。其原因何在。如何可以改善。

3. 学生毕业后，学校应负何种责任，代觅相当职务。实业界之各种位置，如何可使毕业生胜任。

4. 学校教员应如何养成，从何延聘。任职时应用何种方法与实业接触，以免隔阂。

（四）工程学校之联合

1. 各种工科学校之间，应有如何结合，以促教育之进步。其政策、方针、计划，应如何商定，以谋协调动作。

2. 各工程学校与工程界之学术团体，应有若何之关系。

以上问题欲求解决，当先有精密之研究及详切之调查，继以稳健之实施，始可获美满之结果。试举其步骤如下。

1. 调查现状　规定各种表式，分请各工校填寄。并从事实地调查，以补其不足。

2. 分析统计　就调查所得，条分缕析，俾做有系统之报告。

3. 讨论研究　现状既明，则进求其利弊之所在，而加以研究。

4. 实地试验　研究有得，将其结果实地试验，以觇其当否。

5. 公布推行　试验无误，确有把握，则可公诸当世，以便推行。

我国近年来之普通教育，经多数专家之努力，颇有刷新之现象。然究其实际，是否果有显著之进步，殊属疑问。其故有四。

1. 所谓教法、学制及种种计划，皆不外进行之方案，或只是一种仪式，倘教材、师资等不求实质上之改进，虽学制务求其新，亦无非形式之改进。

2. 我国各种事业之通病，在颟顸敷衍，不下脚踏实地之切实功夫。教育界虽属先进，亦未能免此。

3. 现实流行之各种教育新法，皆从国外搬演而来。对于本国情形能否吻合，殊少研究。

4. 外国之议创新法，必其旧法已经切实做过，毫无遗憾。虽其成绩已有可观，效率亦不低微，但竟不自满，仍欲精益求精，更进一步，始有变法之提议。然亦必慎之又慎，经多少试验，确有把握，方敢逐渐推行。反观我国则不然。因进行不力而诿过于学制，因方法厌倦而求新以自解。方法层出不穷，结果愈期愈远。

以上四端，为谈改革者所当戒。我国工程教育，在各种教育中比较已有成绩。现行制度，欲加改革，尤不能不出以审慎，此负教育重任者所当深思而熟虑者也。

原载1926年12月《工程》2卷4号

视察省立第二工业学校土木科状况报告书

该校校长刘勋麟君及土木科主任沈慕曾君对于校事均具热怀,办理完善,成绩斐然。沈君为美国康奈尔大学土木科硕士,对于工程事务具有经验,故于工程教育之设施多能参酌社会需要以定标准,为该科特殊之精神。此外,该科专门教员如钱宝琮君为英国蒲明罕[1]大学土木科学士,陈宝成君为唐山路矿学校第一届毕业生,均于土木工程具有研究,导扬训诲,勤恳不倦。故以该科之教员才力办理甲种学校实有余裕。今改专门,更能用展所长,实为该科前途之幸。就课程言,则现值改组时期,制分甲种、专门两种,其中每周授课钟点总数相同而科目之繁简大异,因甲种学生仅有两年预

① 今译伯明翰。

科，而专门则有三年预科也。查专门课程内列各项科目对于土木专门学识颇为完备，唯每周钟点总数太多，恐学生资质稍逊者不易追随。至各课教授则并用讲解练习方法，课本或用英文原书或用讲义内容，均颇高深，适合专门学校程度。其功课有须实习者则有水力实验及材料实验室两所，其中设备虽甚简略而注重模型方法辅助书本之不足，颇合近世趋势。关于铁路及测量功课，除在本校实习外，并赴各地做野外实习，以为将来实施工程之预备，尤见功效。至木厂及电机、机械等实习功课则以限于设备未能有充分之训练，尚是缺点。以上就教员及设备言，至学生成绩则关于铁路及测绘两事均甚优美，足供应世之用。计历届毕业生中在工程界任事者占总数60%——其中在水利工程服务者竟占过半数，足见注重测绘课程之功效。此外该科又办工程测绘速成班两年，专为造就普通测量人才之用，亦有见于测绘之重要为应工程界之需求也。关于该科学生之德育亦有纯洁之表示，课程上之一切规则均能恪守遵行，故进步甚速。以上系该科之大概情形，至应如何改良发展，以求进步，自久在该科计划之中。唯据愚见所及，则有四端尤为当务之急：（一）校舍太狭隘，尤缺实验室之地址，倘经费稍裕，能另建水力实验及材料实验室，其功效甚大；（二）设备颇欠完备，如测量仪器多已陈旧，实验材料、机器亦不敷应用，电机、机械实验室则付阙如，均亟应设法补求者;(三)学生功课钟点似嫌过重,且功课偏重高深理论,反恐无暇领悟基本知识;(四)专科教员薪水定为每钟二元,似稍不足,因工程人才多愿在实业界服务以求巨酬,今为培植工程人才计,则对于具有专门知识及经验之人才不可不有相当之优待也。以上四事,俱与经费有关,以目下省政情形自难办到,唯十年树木,百年树人,则计划不可不预定也。

原载1923年《江苏教育公报》第6卷第2期

江蘇教育公報

土木科指導員茅以昇視察省立第二工業學校土木科狀況報告書

該校校長劉勤麟君及土木科主任沈慕曾君對於校事均具熱忱[illegible]研究[illegible]
沈君為美國康奈爾大學土木科碩士對於工程事務具有經驗故於工程教育之設施
多能參酌社會需要以定標準為該科特殊之精神此外該科專門教員如錢寶琮君為
英國伯明罕大學土木科學士陳寶成君為唐山路礦學校第一班畢業生均於土木工
程具有研究[illegible]勤懇不倦[illegible]該科之教員才力[illegible]學校實有[illegible]今改

十五

视察省立第二工业学校
土木科状况报告书

工程职业

——在清华学校的演讲

引　论

工程为一切物质建设之前驱。人类之所以战胜万物，克服自然，自始即以工程为利器。太古之世，开国帝王，如盘古、有巢即为工师，其后工程日有进步而文明亦演进不息。迨汽机发明后，工程学之发达，一日千里，物质文明，遂远超古代。此处历史上观察，可见工程为促进文明之主动力也。更从大地上观察，地球外形，经工程家之开启建造，渐改旧观；自然界之障碍遂不足阻遏人类之进化，其力量之伟大、功效之久远，试观世界上之工程遗迹，便可推想论定矣。

工程之定义

何谓工程？据美国麻省工校教授士挽（G. F. Swain）氏所言："工程者以最经济之手段，应用宇宙间之物质、能力及自然真理，以谋人类之需用、利便或娱乐之科学与艺术也。"（Engineering is the science and art of applying, economically, the laws, forces, and materials of nature for the use, convenience or enjoyment of men.）定义如此广阔，其内容之复杂自可想见。

工程之分类

在19世纪以前，工程未成专门学问。就其性质言之：属破坏方面者，则有军用工程（Military Engineering），属建设方面者，则有民用工程（Civil Engineering）。自蒸汽机发明，而工程范围逐渐推广，除民用工程专指土木工程外，更有（一）机械工程、（二）电机工程、（三）采矿工程、（四）化学工程、（五）纺织工程（Textile Engineering）等类。兹将其细目按照发展次序列表如下。

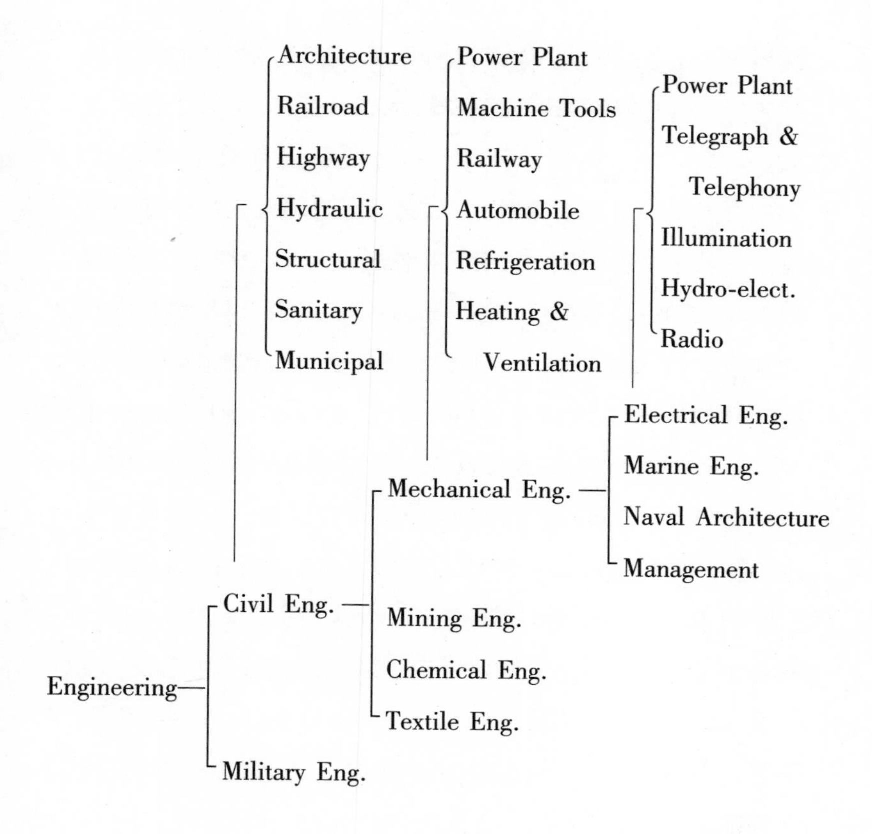

工程师之职务

工程之科目既明，乃可进而谈工程师之职务。凡工程师有所措施必经下述数种手续：(一)造意——就事实上之需要，研究新工程、新器械、新方法，或自然界事物之新应用；如建桥于河上，工程师必体察其地势，以定其方法，如以何种式样为适宜、以何种材料为配合等，加以考虑，以定其工作之大致。（二）计划——将种种详细计划图样及估算记之纸上。（三）工作——根据计划施工，如选材料与用人工等。（四）解难——技术上种种困难，皆予以解决，以便实用。（五）效率（Efficiency）——如时间、成本等，必详加考察，以尽事半功倍之能事。（六）检验——动工后工程师必亲自按察，以审其与原定计划相符否，及谋改良与补苴之方。（七）推广——一工完毕必思展拓销路，以推广营业。（八）选用——如创办电灯厂，对于需用机器，应加以选择，及配合装置。以上每种事业，均需下列三种人才：（甲）工程师——司运筹及总指挥事；（乙）技师——即工头，司领率工人事；（丙）劳动者——执行种种工务。

工程师之材质

做工程师者事繁而任重，故必有相当之材质，然后能胜任愉快。兹将造成工程师之要素，从职业及个人方面，分析如下。

关于职业方面，工师必深谙以下种种学问：（甲）自然科学——工程师与外界接触至夥；宇宙间一切现象若能烛察无遗,自有补助。故对于数理化及一切有关系之科学非仅涉猎而已,必有精深之研究而后可。(乙)大地上材料——材料为一切工程之骨骼,故其产地与产量、性质与需求,皆应洞晓。(丙)实验方法(Experimenting)——科学无征不信,工程尤然,遇有疑问,辄能施一种实验方法,以明其真相而定一原理。(丁)常识——必有充分常识,然后不为理想所圈囿,事物所窘役,如估算须用数学,数学虽为极精准之科学,但估算结果之正确与否,则视其张本(Data)之是否可靠。(戊)经济原理——大陆上无不可造之工程,其唯一之限制,往往为经济问题,故工程师须知经济原理。(己)美术观念——工程之成绩非止实用而已,必能供人鉴赏方有普遍之价值,故工程师须有美术观念然后成绩灿然。(庚)科学方法——工程上一切问题,无论若何困难,均有解决之道,只视其研究方法如何,故应侧重事实,究其真相,然后权衡轻重,综合研究,此科学方法也。(辛)论理——工程师不能抱主观以事实迁就理想,必须依论理原则,以归纳及推想各事之因果。

关于个人者须有以下几种资质:(甲)判断力——工程师所办之事多有类似及相持者,故必能加以坚毅之判断,方不致犹豫误事。(乙)纯正心理——工程师不能有偏见,或迁就其理想,故均等及纯正心理,为彼所必需。(丙)透彻思想——有透彻思想然后遇事知从何下手,而能中其扼要之点

(get to the point)。(丁)创造性——凡事必思求新方法,然后能变通而有新成绩。(戊)记忆力——如材料之性质、价目等,工程师必须牢记在心,然后能运之指掌。(己)强健之身体——强健之身体实牢固之基础,工程师必具此然后能任事耐劳。

工程职业之特点

各业有各业之特点,工程何独不然,兹举其优点。

(一)从工程事业方面论:(甲)工程为建设事业——工程以利便人类为目的,故为一切物质建设之前驱。(乙)工程有久远价值——工程之成功,虽绞若干脑汁,用许多血汗,但其成绩,大率不至于一朝毁减,甚至于留传万古,如万里长城、巴拿马运河,其显例也。(丙)造福人类——工程为人类生活所仰视,如衣食住行之四大需要无一不仗工程之进步而渐臻圆满,故造福于人类匪鲜;且带普遍性质而无若何阶级或畛域。(丁)发展富源——工程发达,则一国之宝藏均可启发。(戊)造成需要——在科学发明以前,如电灯、电话皆非人类需要品。工程愈发达,则人类新需要愈多,而文明愈进步。

(二)从个人方面论:(甲)智育上可得博闻深思之益。(乙)体育上可多得锻炼之机会。(丙)德育上增许多美德:

子、诚实；丑、乐天；寅、准确；卯、慎思——明因果合论理；辰、敏捷；巳、创造性；午、责任——工程事业关系生命财产，故工师之责重为特重，且无从推诿；未、合群——工程事业，无论巨细，均非一人独力能办，多者集至数万人，苟非群策群力，曷克奏效！于此可见以工程为职业者，必博学而笃行；德育体育俱有臻美善之机会。

然则工程亦有缺点乎？兹进而论其缺点。

（一）需要无定——工程事业，因人类之需要与否而兴废，且自成段落，往往无连续性，故工程师之职业，不能终身如一。（二）报酬不丰——工程师多为公众服务，不与任何个人发生特别关系，故无情感可言；所得报酬，只以所费时间精力为准，不似医生律师等业，可视对方之情景，索取巨酬。然就各业平均计之，工程师所得酬报亦未必较别业为低。（三）地位不高——工程师因学术及道德观念太深，胸襟狭隘（习于精细之故），不善辞令，往往过于谦虚，不能在社会上或政治上，占重要位置。然此乃个人为人之过失，不能迁咎于职业本身也。（四）迁徙无定——工程师因职业关系，往往不能久居一处，置家立业；且迁往之地，及移动之时，亦多不能自定。但好动者，每羡其生活之清新，多得旅行机会。喜之，恶之，人异其情，亦不足为斯业诟病。

结　论

工程职业之优点实足以掩其缺点而有余；其有功于人类如是；其补益于个人复如是；惜在中国今日，斯业为纷乱现象所影响，现状未免悲观。然国家他日所赖斯业正多；斯业前途，正未可限量，有志者所当努力也！

崔龙光、郑骏全记录，原载1926年《清华周刊》第24卷第18期

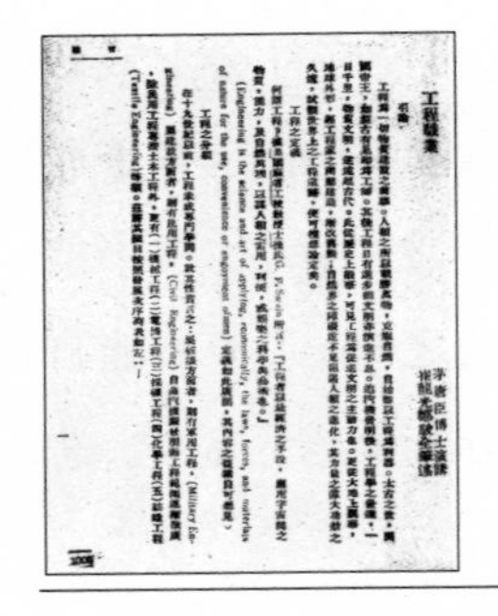
工程職業

茅唐臣博士演講
崔龍光鄭駿全筆述

引論

工程之定義

工程之分類

工程职业

谈“工程标准”[1]

“工程标准”一词大家都已听到过。尤其标准两字，在吾国用得很多，“标”有好和理想的意思，如目标，“准”是平的意思，所以标准两字合起来讲，就是把理想的目的普通化，也就有模范的意义。韩文公有言：“圣人者万世之标准也。”即此之谓。但现在我们所用的标准两字，意义很广泛。如标准可作为统一的意义讲，像“标准论”“标准教科书”，也可以做程度讲，像“生活标准”“大学标准”，也有作为理想中的东西，如“标准餐”“标准布”等。我们现在讲的“工程标准”，是含有以上所说的各种意义，而又不尽然。譬如机器里的螺丝钉，应当用哪种曲线为螺纹，就是一种“工程标准”，这种标准定出后，对于工程上就有很大的关系。

---

① 本文是茅以升在母校唐山工学院的演讲。

这种规定螺纹的标准,和上述标准的意义不同。(一)那种规定的标准螺纹,并非最理想的目的,但因有历史的关系,那种标准,最易推行,所以大家也就认为最合适了。(二)那标准并非永久不变的,而常以技术上的需要而变迁,也就是只有种类上的增加,而本质上并没有变化。(三)那标准是指小单位而言,并非指全部结构而言。从以上的意义看来,所谓"工程标准",是以把机械合理化、简单化为目的的。

工业革命后,由于大量生产的结果,乃有科学管理和简单化运动,其重要项目之一就是"工程标准",因为"工程标准"是"简单化"的基础。

在一复杂的机械中,先要找出其中需要最多的零件,把它标准化,不仅由此可以减低成本、增加生产率,且易修理与补充。所以"工程标准"的目的,是要从大的不同中,求其小的相同。由于科学的进步,所需工具甚多,器具的种类甚繁,"工程标准"就是想求"小同大异"的办法,这恰与我们的习惯"大同小异"不同,"大同小异"的结果是马虎苟且。

我国推行"工程标准"有年,近来中国工程师学会、工程设计委员会和经济部偕机关的第一步工作,是统一度量衡制,如公尺制也是"工程标准"的第一步成功。

在推行"工程标准"中,我们会遭遇很多困难。第一是习惯与环境,像土木工程上都沿用英制,这便和标准不合。往往在学校里用惯了英制的图书，出校后骤改公尺制，便会感到许多困难和不方便。第二，推行“工程标准”要有一种比较傻的精神才行，因为聪明人往往不认标准为最佳，特别天才的人，认为世界的一切美丽都是由不同而来的。第三，专家们的意见，也是推行“工程标准”的一种困难。如美国桥梁专家瓦氏认为桥梁就没有一定的标准，因为每座桥的存在条件没有完全相同的，所以要定出一个标准桥梁实是不可能。第四，在中国，文字意义和写法的不统一，也是推行“工程标准”的困难，文字在横写时，从右至左，或从左至右，从没有一定的写法。

“工程标准”的用处很大，因此中国工程师学会提出一条信条，“推行工业标准化，来配合国防民生的推行”。

陈毓汉、路启蕃记录，原载1946年《唐山土木副刊》第9期

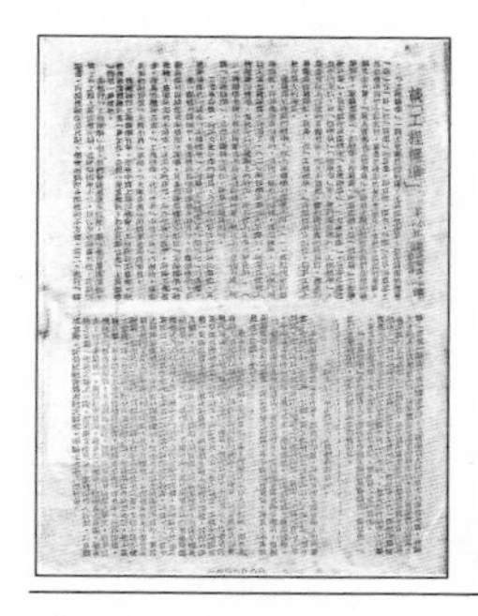

谈“工程标准”

新中国工程函授学校

缘　起

解放后的新中国亟应迈步走上生产建设的大道。可是生产建设不是一件轻简的工作,必须集合多数具有科学知识和技术才能的工程人员来共同合作才能负起这样重大的责任。

当然第一步应该先把各方面的工程人员集合起来,使各尽其能,为人民服务。不过吾国土地广大,事业纷繁,已有的人才,将来一定不敷分配。第二步应该继续培养更多的人才,并且应该采用种种方法,达到这个目的。

吾国原有的工业专科学校和大学的工学院,果然可以继续造就人才。但是这些学校,大部分依照美国制度办理,规定在一个时期以内,灌输某一门类的知识和技能,经过数十次的考试,给予一纸文凭,便算取得了毕业资格。在这样的制度下，个人学习和研究的精神，反显得非常缺乏，因此造就人才的效果，也不免来得微弱。

吾们深觉得可以采用另一种有效方法，来教授各种专门知识和技能，同样可以造就很多人才。这个方法便是利用通讯或函授来代替上课，并不是吾们首创，欧美各国早已用过，且已有相当成效。特别在吾国目前环境之下，函授学校更有很多可取之点，所以值得加以提倡。

现在先把函授学校的几个特殊优点，约略叙述如下。

第一，函授学校并无普通学校的形式，不需要宏伟的校舍，更不须照顾数千百人的生活，所以在物质条件缺乏的吾国，实在非常适宜。

第二，就学的人可以不受时间和空间的限制，尽可不妨一面生产，一面学习。更不必离乡背井，千里负笈，到都市里来，度那不舒适而昂贵的生活。

第三，就学的人可以养成自己学习和个人研究的良好精神，不比在普通学校里，只知接受教师灌输的知识，反毫无自动启发的能力。

第四，采用函授方式，学习时间可以随个人学力及其他条件，自行调整，更不必有寒暑假的间歇，故事实上所耗时间，可较普通学校为省。

第五，函授学校所收学费，可以尽量低廉，且就学的人不必变更生活环境，故对于经济能力不足而致失学的人，确是一个极好的补救办法。

函授学校的大部分课程，可以与专科学校或大学相仿。凡基本学力不足，而文字有相当根底的人并不限定资格，只须费些时间，预习若干门有关的课程，便能配合规定程度，实在是术学的一个捷径。

反过来说，函授学校的学生会不会精神懈怠，半途而废，或发生其他粉饰和蒙蔽的弊病呢？那是普通学校也在所难免。吾们要认明函授学校是以造就真才实学为目的，不是造就某种资格的，所以就学的人也应有此认识，完全以忠实态度，认真术学。将来为划一程度起见，可能采用结业面试的方式，举行一次总考验。

工程函授学校的最大缺点，便是关于理工各课程，没有实习和实验的可能，使得学生常感不足。吾们现在正想法，在普通学校的寒暑假时间内，怎样去利用他们的设备，来供给函授学生的实习和实验。如果能达目的，并且布置得宜，实在是对函授学校的一个极大帮助。

吾们现在集合了对于函授学校有相当认识而确具信心的人，担任一切筹备及规划工作。先从较小范围着手，再逐渐扩充为规模宏大而门类繁多的工程函授学校。愿社会人士予以指导及协助。

关于本校的章程及一切详细办法，另行拟订，兹不备述。

创办工程函授学校之管见

甲、关于发起事项

1. 应否集合多数同志联名为发起人，并再邀约若干赞助人以资号召？

2. 抑仅由极少数可切实负责并能从事工作者为发起人，着手筹备，不必铺张？

3. 如采取前一项办法，似应召开发起人会议，推举董事组成董事会，并选定负责工作者，乃可开始筹备。

4. 发起人中似可邀约中国科学公司之杨允中先生及商务印书馆之陈夙之先生加入，将来对于出版事当可多得协助。

乙、关于筹备事项

5. 定名为“新中国工程函授学校”是否相宜？有无更适当名称？

6. 缘起草稿仓促拟就，请予斧削增删（稿另附）。

7. 地址如能借用中国科学社为宜，因有明复图书馆可资利用。其他如商务印书馆有余室可借亦佳，因地点比较适中。如能两处兼用，更多便利。

8. 可否商请中国科学社及商务印书馆联合主办？

丙、关于性质及章则事项

9. 是否仅以工程为限？且工程中应包含何种门类？似应先开会决定，同时并须约定专门教授，编写课程及教材，乃可开始公布。

10. 各项章程及详细办法，应于着手筹备后，指定专人负责起草，然后开会讨论修正。函授学校之章则虽不无可循楷模，仍须加以研究整理，方可采用。

丁、关于组成事项

11. 组成宜力求简单，如有董事会，至多以五人为限。

12. 干部可以三人为基础，不妨用校长、副校长及秘书等名义，但每人均须担任一部分实际工作。

13. 为分工起见，拟分（一）宣传、（二）会计、（三）教务、（四）印刷、（五）注册、（六）通讯等组。创办时（一）（二）两组由校长主持，（三）（四）两组由副校长主持，（五）（六）两组由秘书主持，每两组得用干事一人协助工作，故共需基本职员六人。

14. 俟校务发达，每组分归专人主持，再视工作繁简配合干事若干人。

戊、关于推进事项

15. 筹备期间以自创办起至第三个月为限。在此期内，确定各项章则，报请政府备案，开始对外宣传，并聘定特约教授及助教，集合一部分讲义。

16. 招生期间以自创办后第四个月至第六个月为限。在此期内继续宣传，分送章程及宣传小册，开始招收学生，并办理注册手续，同时印刷开课后需用之各种讲义。

17. 自创办后第七个月起，开始授课，预计至早需半年以后，乃可渐上轨道。

己、关于经费事项

18. 在最初一年内，决不能自给自足，故至少须筹划一年经费（约人民币两千万元，预算见下文21条），乃可开始筹备。

19. 自第七个月起，教授及助教应得之报酬，当以收得之学费中支付为原则。

20. 一年以后教授及干部人员应得之报酬，以自给自足为原则。两年以后应以盈余偿还第一年所耗之开办费用。

21. 干部三人之报酬，每人每月以白米五石计，干事三人，每人每月以白米三石计，工友一人，每人每月以白米一石半计，以上每月应付报酬计白米廿五石半，另加办公费用、各项印刷品及宣传广告等支出，每月以白米十四石半计，共计每月全部开支为白米四十石，全年共需四百八十石，折合人民币约两千万元，为创办时应预筹之经费。

22. 教授之报酬，依课程各别计算，并须视学生人数多寡，用累进法加增。例如最低数以学生二十人为基数，二十人以上，每增五人加20%，此项办法尚待详细研究。

23. 教授及助教之报酬以不划分为原则，因每一课程应由教授负全责。助教即由教授自行特约，报请本校备案。

24. 学费依选课多寡而定，一次或分期缴付均可，但每人一课程，均应有规定学习时期，逾期应增缴30%至50%。

25. 除学费外，可酌收讲义费、课卷费及通讯费等，尚待详细研究，另行规定。

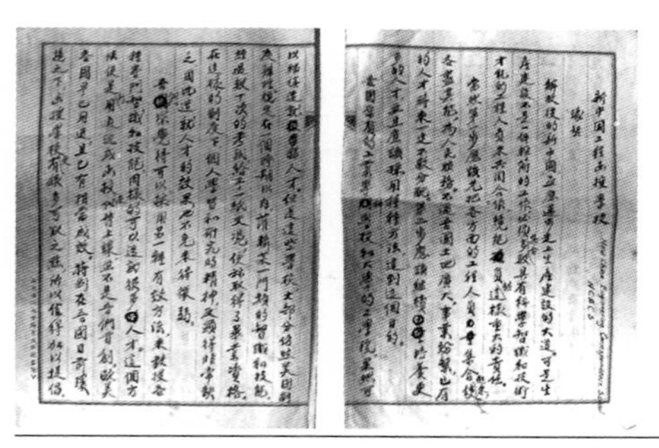

新中国工程函授学校

习而学的工程教育

过去的工程教育，是先学而后习的。以大学的各工程系为例，它们有许多共同特点：(1)一律四年毕业，为的是同大学中其他学院(除医科)一致，招生方便。(2)第一年级必修课程，各系大体相同，使工学院里转系方便。(3)各年级的课程中，基本性的较多，专门性的较少，为的是想求较广的基础。(4)第三、四年级课程内，专门性的选课较多，为的是想求较专的应用。(5)四年中理论课程多于实习课程，为的是理论重要，实习只是验证理论。(6)理论先讲，实习后做，尤其是最基本的理论，在最先讲，最专门的实习，在最后做，为的是先要头脑搞通，然后双手去做。

这些特点，说明过去工程教育的特性：(1)它是广泛不精，以培养“通才”为目的的。土木工程系的毕业生，可以参加任何土木工程部门的工作。（过去还有一种主张，开办普通工程系,希望那里的毕业生,能做任何工程! 还有主张工程学生,应多读人文科学,他毕业后,更可做任何非工程的职务了!)对于选择职业,当然是一种方便,而且有了一般土木工程的基础,在就业某部门以后(也许这个部门并非他在三、四年级选课的对象),对那部门的专、精、深入,亦有帮助。但从他就业的那部门来看,则成为一种负担,他不能立刻生产,他需要继续学习,他就业的那部门,担负了培养“专才”的任务。(2)它是以理论为前提,来便利学生选科选系的。希望学生在读了一年基本理论(其中小部分是与高中所读重复的)以后,便能决定他是否宜于工程,或是工程的哪一系。机电两系的学生,在第二年级读完相同的理论以后,便能决定他是宜于机械或电机。这是唯心主义,从理论出发,来决定个人的职业方向,无形中养成了很多的工程“理论家”,能钻牛角尖,而不会转螺丝帽。(3)它是以理论为基础,施行工程教育的。开始便讲最基本的自然科学,认为科学理论,是一切工程的基本。有了理论,便可启发智慧,举一反三,对于各种工程,经过实习,即能触类旁通了。这似乎是经济办法,而且理论本是经验得来,然这种教育方法使学生处于被动,形成“填鸭式”的教育,并有空谈理论而好高骛远的危险。(4)它是以实习来帮助理论,不是以理论来贯通实习的。校内实习本已与工程生产脱节,而这脱节的实习还是理论的附属品。于是这理论更与工程生产脱节,成为“脱产理论”。这是过去工程教育最大的特性,是受了过去“学以致用”“知而后行”的影响(但并未注意到《大学》中“致知在格物”的“在”字),成为传统的“学而时习之”的教育。

这些特性,造成下列现象:(1)理论与实际脱节。工程毕业生不能做工人的事,虽说能计算,能画图,能设计,并能写论文,但多半是“纸上谈工”,不切实际。非在工程现场里,从头学起不可。等他能了解工程的实际时,他原有的理论也许忘记了(也许是陈腐不适用了)。他若不知补充新的理论,他便成为落伍的工程师。(2)通才与专才脱节。本来是想造就通才的底子,慢慢训练为专才,但只是理论上的“通”(或仅是书本上的“通”)是无法达到实际上的“专”的。实际上的“专”,必须以实践为基础,由此进一步地达到理论上的“通”。因此,工程毕业生往往是半生不熟的通才。(3)科学与生产脱节。在校读科学,不以生产为对象,因之工程各系的划分,以科学的性质为主,成为土木工程、机械工程、电机工程等系,但在任何的生产工作上,都需要多种工程的配合,任何一种生产的专家,实是相关工程的通才。譬如桥梁工程,并非一个土木工程的通才所能办的,需要很多的机械工程、电机工程、冶金工程等的理论与实践,方能成为一个桥梁的专才。因此工程各系的划分,如就生产需要而言,是应以工作的性质为主的,如铁道工程系、桥梁工程系、机车工程系、信号工程系等。(4)对于学生入学的要求,是重“质”不重“量”,宁可招收少数程度整齐的,不愿训练大量普通的。这是完全受了重视理论的影响,因为理论是可考试记分的,分数多的,便是质好,方能读好第一年级的基本理论,于是理论的分数,成为入学的标准。至于这些理论好的学生,是否能成为好的工程师,那就无法过问了。其实好的“质”是要从大的“量”来的,尤其是工程工作者。(5)对于学生毕业的条件,是一切分数及格,而这分数,绝大多数是指理论的课程。至于校内实习、暑期实习等作业,往往是无关轻重。任何一个大学的“教务规则”,对于学生的“及格”“补考”“重读”等分数上的规定,是非常周密,如同一部法典,将每个学生活生生地捆死,成为“分数奴隶”,完全看作检验工程材料一样。倘若学生对学习工程有兴趣,如同看戏跳舞一般,还需要一套如此机械式的章程,来督促他多看少看或多跳少跳吗?

这些现象,都是不合理的,然而这便是过去工程教育的病态!因为过去工程教育是抄袭资本主义国家的(尤其是美国),而在资本主义国家里:(1)工程生产事业大半是私营的。(2)大学及专门学校,私立的也很多。(3)学生在校是受一个主人支配,出校就业,又受另一个主人支配,而这两个主人,各有各的计划,只求自己出品增多,以致形成双方脱节的现象。因此工程学校,便想只造就通才,并以理论为号召,希望在各种脱节的情况下,替学生多搭些桥梁,免得很多学生落水!

这一套教育方法,在我们新的人民民主国家里,应当重新估价了,应当开始改革了!

现在大胆地提出一个建议,并用具体的办法来说明。

为了训练桥梁工程师,设立桥梁工程系,招收高中毕业生于秋季及春季入校:(1)第一年级新生除受训练一个月外,先在造桥工地,实习半年,后在桥梁工厂,实习半年。同时实习测量、地质、工程材料、石工等课程。晚间阅读课本(包括政治课目及劳动法令等),练习绘图。一年完毕后,学生认为桥梁不相宜时,可改系;认为相宜时,可升学;无力续学时,可在实习处所任桥梁工程的工人或领班工人(因已有高中程度)。(2)第二年级前半年在学校读与桥梁有直接关系的理论课程,如结构学、基础学、河工学、机械工程、电机工程等。后半年在现场实习木桥、钢桥、钢筋混凝土桥的施工方法,运用器材、管理人工等技术,同时实习测量、地质、材料、铁路等课程。晚间阅书及绘图。在此二年级完毕时,学生可升学,或就地任监工员或技师。(3)第三年级前半年在学校读较为基本的理论课程,如工程力学、材料力学、土壤力学、水力学及电机、机械、冶金等工程。后半年,在现场实习较为复杂的施工、管理及设计等项目(特别注意生产条件及劳资关系),同时实习测量、房屋建筑、铁路公路等课程,晚间阅书及绘图。在此三年级完毕时,学生可升学或就地任助理工务员。(4)第四年级,全年在校学习,读基本科学如微积分、物理、化学、机械学、高等数学、高等力学、经济学等课程,并在实验室做材料实验、水力实验、机械及电机实验等(以上实验,都是现场所不能做,或无法控制的)。在此四年级完毕时,学生即系毕业,可任正式的桥梁工务员,以后按级升任工程师。(其他工程系,视其性质,可定为三年或五年或三年半毕业。)以上四年中,除一般例假外,无暑假寒假。在现场实习时,必须有各种教师(教授及工程师)指挥协助,布置逐日的工作计划,讲解工作内容,并安排熟练工人为指导。

这个新法的特点:(1)第一年级完毕时,学生即知其将来任务与其个性兴趣,是否适合,不适合时,立即改系,同时得到关于将来任务的初步理论。(2)学生能很早养成劳动观念、劳动态度,了解劳动条件、劳动纪律。(3)先经实习,再读理论,由"知其然"逐渐达到"知其所以然",而所读者紧接有关的实习,实习与理论,相配合地由简单到复杂,由低级到高级,则对理论的了解,更为透彻巩固,随时有实习做背景,知道如何以理论来贯通实习,以实习来发挥理论,知道理论中有实践,实践中有理论。(4)实践与理论,同是工具,一是加强用手，一是加强用脑，两种工具结合起来，每种工具的效用，便可相互地提高。(5)理论与实际的结合，是现时现地的，不应似过去以四年级的实习，来验证一年级的理论，或以教师的实践，来结合学生的理论。(6)现场的生产实习，促进对于相关工程的了解，加强对于经济的掌握。(7)毕业时，所读基本理论，记忆犹新，就业后，即有继续高深研究的工具。过去毕业生的基本理论，是三年前读的，就业时往往忘却。(8)经此训练，毕业后自学，或可成一通才。(9)可以大量招收新生，校内宿舍，可容两倍过去的学生(因有一半在现场)。这样重“量”的结果，必是“质”的提高。(10)四年中，每年成一段落，学生可于每年末决定升学或就业，或就业一个时期后，再回校复学。(11)推行新法的结果，必可与工人在职教育配合，而工人(比较的专才)便可逐渐地训练为工程师(比较的通才)。(12)从生产部门言，常年有某年级某系的学生实习，成为经常任务，不需临时布置，妨碍生产秩序。学生毕业后，也愿回到原实习处所工作，满足生产部门的需要。

从原则上讲，在我们国家里，教育和生产(绝大部分)属于一个主人。这个新法，似乎是值得提倡的。所成问题的是：过去的教育方法，根深蒂固，一时不易解放，而所有的课本(多半是外文)，都是为“先理论后实习”“先基本后实用”而写的，对于新法，完全不能适用。必须经过一番慎重的考虑,变更过去“先修”观点,方能拟定实习计划、课本内容、教学方法等,更需要广泛讨论,由各工程教育专家,多做深入的评判,以期树立新法的雏形,来做尝试的根据。切忌旧的打破,新的建立不起来,演成半真空景象。或者这个新法,较宜于专门学校,而不适于大学,也值得研究。

这个新法的路线,是从“感性知识”到“理论知识”,然后再回到“感性知识”,循环发展。是旧法的大翻身!是从“学而习”的工程教育,改进到“习而学”的工程教育。只要打破了这个传统的观念,学与习便会自然地结合起来,成为“学习结合”的工程教育。我们如要将“理论与实际”“科学与生产”“读书与劳动”“通才与专才”“普及与提高”“学校与现场”“教师与学生”统统紧密地结合起来,我们便先要实行这样一个“习而学”的工程教育!

原载1950年4月29日《光明日报》

工程教育的方针与方法

工程教育,包括高等、中等及初等三个阶段,本文所讨论的,以高等教育为主,附带提及和中等、初等的联系问题。

近来,《光明日报》上,登载了马大猷、钱伟长两先生和本人的几篇专论,提出了许多工程教育里存在的问题,让我们从事教育工作者,得有发表意见的机会,我们对于《光明日报》,非常感谢。从这些问题里,看出目前的工程教育,确实是应当要研究改革了,马、钱两先生在他们的文里,很详尽地说明了工程教育的内容和性质,指出了过去的种种缺点和痛心的实例,并且进一步地提出了原则性的方案。马先生的建议是:(1)在学习前先入工厂实习一年,有许多好处。(2)首先要精简课程,逐渐走向专门化的方向。(3)大量举办专修科,主要吸收在职干部和青年工人。钱先生的建议是:(1)普通技工的训练,在生产机关里做。(2)技术员的训练,通过中等技术学校来做。(3)工程师的训练,通过高等教育机关来做,要在全面的科学基础上专门化,不宜操之过急。(4)技术专家的养成,通过研究和专业工作。(5)在高等教育内,教育的步骤,也是一个专门化的过程,先是基础科学理论,然后分系分组,最后有毕业论文的训练和工厂实习,逐步达到专门的目的。(6)努力克服困难,如设计制造师资的缺乏,逐步减少纯经验的训练,加强基础的科学理论课程、实验实习过程。(7)大量地创设中等技术学校。办工厂训练班,在大学附设高级的专修科。(8)中等技术学校的毕业生,有条件地送入大学,接受全面的科学训练。

这些建议,一般说来,都是很正确的,如能做到,对于工业生产,当然有极大的帮助。然而仅仅这些建议,便能改正目前工程教育里所存在的那些缺点吗?我们知道那里面的缺点,有的是因为制度关系,有的是因为办理不善。如果制度不好,即便是办得很好,对于工程教育,就可能有改进吗?我们过去的工程教育,多半是抄袭美国制度的,我们过去办理不善的种种缺点(如依赖性、盲目性、投机性),在美国一般的好的工学院里,是不存在的。然则我们纵然办得极好,而不从制度上、内容里去研究改革,其结果还不是和美国的工学院差不多吗?

我们先来看看苏联的制度:(1)高等学校的主要类型,为大学及专门学校。现有八百多所的高等学校里，只有三十几所是大学，其余七百多所都是专门学校。大学本身的任务，是培养研究机关科学工作者和中等学校的教师，因而所设的学系，限于文理，且为数不多。如莫斯科大学，共只有11个系。但大学里同时附设很多的专修班，学习年限较短，如莫斯科大学即有56个专修班。(2)专门学校的种类繁多，在工业方面，一般冠以“高等工艺”“机械工程与动力”“矿业与钢铁工业”“高等化学”“高等建筑”“高级电信”“高等测量与气象”“高等粮食工业”“高等木材工业”“高等纺织”“轻工业”“印刷工业”等专门学校的名称，其个别的，举例而言，有“汽车工程学院”“航空学院”“交通器械制造学院”“汽油学院”“泥炭学院”“建筑物品工程学院”“制冰工业学院”“起重机经济学院”等。这些专门学校的入学学生，要有中学毕业证书(即读过十年制学校者)，在校学习四年到五年半(个别情形有延长到六年的)方能毕业，可见其程度之高，亦可见其分科之细。(3)专门学校的学生，除在校内听讲，并做实验外，须经过三个阶段的生产实习，在生产机关的现场里进行。其最后一段的实习，是为做毕业论文准备的，时间有的延长到三十产周(如高级建筑)。(4)专门学校里学生的学业时间分配，视其学校类型、任务及学科性质而定，大概课室讲授占40%到50%，实验室和实习作业，占50%到60%。(5)工科学生的毕业论文,主要的是为解决生产部门里存在的实际问题,因此学生须了解整个生产系统,并知其生产过程的管理。

从苏联的这种制度里,显然看出他们工程教育的方针,是要训练“见闻广博的高度熟练专家”,和美国大学造就通才,是大不相同的。所以他们现在每年就有十几万个专家,从学校走向生产,从事经济建设,这是何等浩大的技术队伍!反观我们现在的工程学生,数量微小,不去说他,即此微小的数量,是否已得到适当的教育?如果还没有,趁此数量不多的时候,进行改革,准备迎接将来更大的需要,岂非学习了先进国家的经验?

但是我们学生的情况,有很多地方和苏联的不同,比如:(1)我们大学生是高中毕业程度,比苏联的十年制多一两年(如数学里,我们学生是读过解析几何的)。(2)苏联十年制学生,已知理论联系实际了,并有操作实习,而我们是没有的。(3)苏联是高度工业化的国家,学生在未入高等学校之前,已经有了工程的认识和气息,而我们是没有的。我们过去是个文弱的国家。因此苏联的制度,我们还不能全部采用。

我们的工程教育,必须参考苏联制度的精神,配合到我们的国情,来拟定我们的方针与方法。

（一）方针

首先要解决通才与专才问题，亦即通才训练与专业化问题。从整个科学和技术来看，任何一个科目，都与很多的其他科目，或多或少，或远或近地互相关联，因而学术（包括理论和实践）里面的“通”，是广宽得无边际的，并非任何一个人的精力所能达到的。但每一科目的“专”，因为局限于科学进步的程度，不得不有其一定的深浅，于是专家即有造成的可能性。专家欲在他那专科里更求深造，必须多了解与他有关的其他科目，尤其是与他直接有关的有系统的自然科学。了解的科目愈多愈深，便愈能提高他本行专科的水准，而成为更高度的专家。好比垒石为塔，塔底愈广，塔顶愈高。因此我们高等工程教育的方针，应当培养专门性的工程师，亦即是应和苏联一样，造就高度的熟练专家。但为了他将来还需要更专起见，应当同时给他全面的启发知识，作为他扩充塔基的工具。这便与美国制度造就通才，基本上有了区别。美国工学院毕业生，只有塔底而无塔顶，这塔顶是要出了校门以后，再去建造的。

我们讲专才，专到什么程度，当然应与实际生产能配合。苏联今天的工学院，有专到以汽车、汽油、制冰为院名的，其学院里分系之专，更可想见，我们当然是办不到的。但我们的教育制度，必须要与生产配合，随生产专业化的发展，来分院分系，不能像美国一般的大学一样，不论外面生产情况如何，工学院里的分系分组，总是保持那“古典”式的老套，至多不过添些选课而已。即以今天中国工业落后的情形来看，如果仿效苏联，开办几个“动力学院”“电机工程学院”“公路学院”“炼钢学院”“化工学院”“矿业学院”等不太专门的高等学校，以便四五年后，有许多专家来服务，似乎也不太理想吧？

上面说我们高等工程教育的方针，应当训练专才，这并非说工程师应以专才为满足，相反，工程师的知识，是应当力求广博的。但这广博知识不一定要在学校里得到，工程师在学校里得到的，主要的应当是专业训练和训练中的学习工具。有了工具，他便能独立研究，从而开拓他知识的田园，而逐渐成为“通”的专才。美国制度是希望工学院的毕业生，以通才的底子，逐渐求专，和上述先专后通的目标，有极大区别。毕业生如是专才，他便能立即服务，因服务的需要而要求“通”，于服务机关是有益的。毕业生如是通才，他非再经专业训练，不能担负任务（我们以前的大学工科毕业生在铁路服务时，须经实习一两年，便是一例），这求“专”的时间，于服务机关是有损的。而进一步对学术本身而言，由专而通，是加强专的，由通而专，是削弱通的，更足见前后次序的重要。

（二）方法

有了方针，从现时工程教育的情况来讲，应采用何种方法，来达到这个目的呢？这在我们政协纲领里面，早已有明文规定，“理论与实际一致”，这好似一句原则性的话，但同时也是最现实的话，因为我们过去的工程教育里，理论与实际太不一致了！这个好方法，如何实行呢？照现在一般的意见是：(1)精简课程。将不必需的课程淘汰，采用重点发展或分组学习的原则。但分组的数目，不宜太多，而各组共同必修的课程，占到全部时间一半以上。(2)增加实习。精简课程后，余出来的时间，除为政治课应用外，分配到实习课程。此外加强暑假的校外实习，从第一年级起连续三个暑假，做由“认识”“操作”而“专业生产”的现场实习。(3)改编教材。使书中所述的，切合于我国现状，并一律用中文讲授。(4)将学习时间，从四年延长到五年。第一年完全在工厂做生产操作实习，补足高中毕业生的生产常识，如机械系所建议，或在第五年往工厂进行专题研究，如化工系所建议。以上这些办法，如果统统实行，在我们工程教育上，当然是前进了一大步。尤其是重点发展分组学习的原则，对于专业化的要求，已可满足了一部分。倘若分组后，每一组的学生人数相当多时，这一组也可以和苏联一样，成为一个单独的专业的学院了。然而这些办法里，关于实习部分，是就原有的制度规格、教学内容,勉强地、生硬地加进去的,在实行时必然要发生以下的问题。

1. 学校与工厂的配合——现在各大学,因为以前模仿美国,是以造就通才为目标的,所定课程,由基本理论,经应用理论,到专业理论,完全依照理论上的发展,自成一套系统,是由内而外,由抽象而具体的。但现场的实习作业,是不可避免地由外而内,由具体而抽象的另一套系统。这两套系统,是反向逆流的。只看大学里第一、二年级的课程,大半是公共必修课,而每课教学内容,对各系学生,又都是相同的,因此第一年级的学生不分系,第二年级的学生不分组。但生产部门的任何一个工厂(这个名词,在本文里包括土木系现场工程),却无一不是专业的。第一年级读完普通基本理论的学生,去到工厂里做"认识"实习,这认识与他的基本,有什么关系?第二年级读完普通应用理论的学生,去到工厂做"专业"实习,他的应用理论,对于专业,又起何种的作用?第三年级读完一部分专业理论的学生,去到工厂做"生产"实习,他这一部分的专业,就适巧是那工厂里的生产吗?如果那工厂的生产专业课,是要在第四年级讲授,不就成了先实习后理论了吗?

2. 理论与实际的配合——学校里所谓理论,多半是指以数学为骨干的理论,是举一反三的理论,因而也就是原则性的理论(受了通才训练的影响)。但工厂里所谓实际,多半是指有高度效率的生产,是狭隘的、精深的、具体的实际(有时也不免有偏差存在)。学生一肚皮的理论,去往工厂实习,而看到、感到、领略到的实事,却多半与他所学的不相谋,大小不投,深浅不合,甚至有些矛盾,于是在他短短的实习期中,不过得到些模糊概念而已,反而妨害了理论与实际的结合。在美国的大学里,因为与生产隔了主人,它里面的训练,以理论实验为主,希望学生在毕业后,进入工厂,再与实际接触,是一种由理论而实际的“衔接联系”(前后一致)。同我们所要求的一面理论、一面实习的理论和实际的“平行结合”(同时一致),是大不相同的。我们的大学,过去受美国影响太深,对此应特加注意。

3. 基本与工具的配合——理论与实践,谁是基本,谁是工具?在学校的看法,理论是基本;在工厂的看法,实践是基本。这两种看法,对学生实习,有极大妨碍,其实是都有问题的。近代科学发达,技术进步,当然是靠理论的推动力,然而理论的根源是在实践,而复杂高深的理论,更需要实践(实验)来解决。理论扩大实践的范围,实践提高理论的目标。每一工程问题的理论,后面必须要紧接实践,而实践的后面,又必有新的理论。两者紧密循环地结合,便使理论与实践融合成一体。因此理论与实践,是互为基本,互为工具,而不应强分高下，或形成孤立的。学校里必须打破理论为基本的成见，工厂里也必须看重理论对实践的作用，然后这基本和工具，才能配合，学校与工厂间的鸿沟，才能消除。

4. 理论与实习的配合——原则上讲，理论学习是应与实习同时进行的，但事实上不能不有先后（实习时应有讲解与说明，里面不需要数学，故非此地所谓的理论），于是发生理论与实习的次序问题。亦即专业理论对于工厂实习和对于基本理论的排列问题。现在学校的看法，是理论在前，实习在后，基本理论在前，应用理论在后，因此三者之中，实习便不得不排在最后。但同时又觉"认识实习"，应排在最前（所谓认识实习，不应只是参观，也非高中应有的操作实习，而是认识生产里的运用和施工等的实践，这是与专业理论有直接关系的），这种矛盾思想，如何解决呢？

5. 理论与技术的配合——学校里对于学生程度深浅的看法，是与工厂不同的。学校以理论为重，理论分数高的（尤其是微积分），便是程度高。但工厂是以实践为主，对于学生的常识、劳作、积极性等的要求，认为更成技术训练的基础。这种差别的原因，发生在学校的制度和内容里。学生的理论程度较高（学生从小学至中学到大学一年级，其理论程度，是逐渐提升的，但在二年级以后，便转变方向，甚至降低了。以土木系四年级为例，课程中虽有用到微积分的地方，但一般说来，是比一年级的还容易)，而技术能力甚浅，如何能使学生在技术和理论方面的深浅程度配合得当，是应在课程的内容和排列上加以考虑的。倘若每年的理论课程，配合到实习，同样地由简而繁，由具体到抽象，由认识而专业，由专业而生产，与在工厂里的过程相同，双方对学生程度的看法，便自然地会一致了。

以上所提关于实习各问题，只是从课程方面着想，此外在工厂方面，还有学生生活与工作所需的设备、教师指导协助的供应、生产秩序和成本的维持等顾虑。在实习问题外，学校和工厂间的联系，还有教授和工程师的交流、生产技术的研究、学生的就业服务和在职干部与工人的进修训练等，都应逐渐地加以解决。其中教授与工程师的交流，有一奇特现象，即双方各有其理论和经验上的准备，易地而处，便格格不相入。(美国情形，亦复类似。)若想到工厂里的工程师，以前本是大学毕业生，而经过了实际锻炼，今天反与大学脱了节，亦足证明大学本身，是早与实际分离了！因之今后的工程师，能否与教授交流，是大学内理论与实际能否一致的一个验证。

(三)建议

为了解答上述的种种问题，本人曾提出“先习而后学”的建议，登载于本年4月29日《光明日报》，业经引起了不少的注意和批评，甚感兴奋。这个建议的特点，补充说明如下，借作对批评的总答：(1)先习后学，便是先知其然，再知其所以然。一般的看法，认为难行，但举例来说，无线电是需要较深理论的，但修理无线电收音机的工人，却能知其然而完成任务，如再教以理论，他更能知其所以然，他不也成为专家了吗？理论对他本是一道墙，但在他有了经验以后，这道墙变成巧妙工具。同样理由，这个习而学的办法，足为工农打开大学之门的一条捷径。(2)先读专业理论，后读基本理论，在遇到数学公式时，是否因不知理论上的来历，而不为学生所接受？但公式用途在生产，先明白了公式的用途，是否会引起学生更大的兴趣？这是否为更合理化的教授法？(3)先习后学，所习的是工厂实际，既非只是为了实用，更非要为理论作验证，用自己的累积经验，来总结科学理论。这种总结，前人已做，何必重复浪费。至于在学校实验室里，证明理论公式(如牛顿定律的“来历”，便非理论，而是实验)，那另是一种教育意义。(4)先习后学，是将理论来贯串实践，实践如是“串”，理论便是“贯”，当然是先有了串再去贯。为了学习专业课程，最能帮助学生了解的办法是叫他先明了现场实际情况，还是先明了专业基本的理论？(5)先习后学，并非不学。相反，先有了实际经验，再学高深理论，这理论的了解，将是格外的透彻和巩固，因而学生也更有创造力。(6)先习后学，是为了获得最全面的知识。首先在工厂里实习，学生所领悟的工程需要，比在课堂里面获得的多得多。现场的天地，是比教科书广阔的，因而学生也更富于积极性。(7)先习后学所需的时间，和现在先学后习，是相同的。从工程训练来讲，先有工程背景，理论的掌握，便更为完整，更为充分，因而培养了学生的领导能力。(8)先习后学，需要在实践和理论方面，有彼此呼应、由浅而深的步骤，因为实践必须要有规律，有层次，于是理论也跟着成为有系统、有条理的知识。

然而这个办法，还非立时即可实行的，其中师资、教材、设备及工厂联系等问题，都需要充分准备。因此我们可有长时期的讨论和研究，来求其更圆满的实现，希望工程专家及教育工作者，多多指教。

这个建议，提出很早，最初登载于25年前上海南洋大学(今上海交大)的三十周年纪念刊，其后转载于同年的《工程》杂志。其实这个建议，也非新发明，早在两千年前，“四书”里的《大学》，已经说出了“致知在格物”，而在前清末季，且已有了“格致书院”的设置，当然都未发生作用。今天我们来重提“学”“习”或“格”“致”的先后，应当正是时候了！

原载1950年6月4日《光明日报》

实行先习而后学的教育制度

在目前国际形势发生了重大变化的情势下，毫无疑问，我们的高等教育应该密切地配合国防建设。但我认为，中央人民政府教育部原来制定的教育方针和任务仍然是正确的。不过，为了适应目前的重点，教育制度和方法，应该要能更灵活地应用，或者加以修改。

我是学工程的，就拿工程方面的教育来说，例如土木工程，既为和平经济建设所需要，也为国防建设所需要。现在要把我们原来配合经济建设的教育改变为配合国防建设的教育，并不是要我们推翻原来的那一套，另外换上新的一套，而是要培养出来的人才，既可担任经济建设，又可担任国防建设。这两者的分别，主要是在任务计划上，而不是在实行工作上。比如设计一座桥梁，在和平经济建设中，如须顾及国防需要，它的设计便与普通桥梁大不相同，然而它的制造和施工还是一样的。

我以为要使我们原来的教育,配合到国防建设的需要,除了加强关于国防的思想教育外,便应该考虑到改变我们的教育制度。现在一般大学的学生都是要四年毕业的,所学的才成为完整的一套,才能发挥作用。学生在毕业前,无论哪一年停下来,所得到的东西都只是零碎片断的,不能配合成形来使用。如果叫一位大学生在学习时中途去改学其他科目或去参加工作,他以前所学的往往就会无用而成为浪费。现在我们号召学生参加军干学校,对于高年级的便有这种顾虑。然而高年级的如此成形,应有高年级的用途,为何不能去参加呢?万一我们为了国防需要,要发动工学院各年级学生去实际参加国防建设工作,如同华东治淮的号召一样,这高年级学生的问题不是同样存在吗?为了补救高等学校教育的这个缺点,为了使大学生可以随时适应国家的需要而调动,不致过于浪费已经花去的精力,我以为可以把四年学习的内容分作四个独立而又连贯的小阶段,即在每一年所学到的都是完整的成套的。这一套逐年加大加强。这样,不管学生在哪一年级离开学校,都不至于受到很大损失了。(现在大学生要在四年内爬一座大山,不能中途下来,何不改为爬四座小山呢?)

要实行这种教育制度,最重要的是要理论与实际的密切配合，要使每年学习课程中，理论都能够与实际相配合。其实习实验的对象，在低年级时应该是具体的，到后期就逐渐趋向抽象。即是在实践基础上，将先得到的感性认识和后来发展到的理论统一起来。这样逐年成段落的教育，其自然趋势，便是我所主张的先习而后学的教育。

改变现在的教育制度，使我们的高等教育除了紧密配合生产建设，并为工农开门，更能适应国防的需要，是当前亟须研讨的一个重要问题，而我的答复便是先习而后学。

原载1951年1月5日《光明日报》

习而学的工程教育制度

习学新制

①高等教育的目的，是培植高级建设人才，培植人才的目的，是要完成建设的任务。因此凡能很快地造就很好、很多的人才来担负建设任务的教育制度，便是准备建设的最好教育制度。

②现在建议一个教育制度，以针对完成任务为目的，并且有充分的灵活性和广泛性，来适应“三年准备，十年建设”的需要。

③这个建议的制度，现在先以工程教育来说明，并以桥梁工程为举例。在这制度里高等学校分系，应更专业化，如土木系应分铁路系、公路系、桥梁系、河工系、市政系、卫生系、建筑系等。

④工程教育,应以完成工程任务为目的,工程的任务,依性质和程度可分析如表一。欲完成这些任务,需要具备相当的政治上、技术上和文化上的条件。这些条件的获得,经过高等教育,是一个方法,完全经过经验和自学,是另一个方法。

⑤一个工程师的技术上的准备,如果是经过高等教育,他在修完每一学年的课程后,便应能担当某一阶段的任务。拿桥梁工程说,在高等学校里,修完每一学年后,应能担负的任务,可举例如表二。在这表里列举的桥梁任务,依性质和程度,分成五个阶段,上面的四个阶段,配合高等学校的四个学年,即第一学年修完的学生,应可担负第一阶段的任务,第二学年修完的学生,应可担负第一和第二阶段的任务,余类推。第五阶段是指大学毕业后而言。

⑥根据任务的要求,学生在学校里所修的课程,应与之充分地配合,不多不少。任务随阶段上升趋于复杂,课程也应随学年上升趋于高深。现依此方式,从表二的任务,订出表三的课程,这课程是高等学校专修桥梁的学生所必修。他在入学之前已有高级中学毕业的程度。在修完每一学年后,他可继续升学或出校工作,担负桥梁工程中与他程度配合的任务。对于不升学而工作的学生,应给以函授教育,帮助他理论上的进步。

⑦表三里所订的课程，仍沿用现在通用的名称，但其内容，是完全不相同了。这表里的课程，在制订时应有一套共同原则，如表四中所列。

⑧各种课程，应有不同的学习方法，但其进行程序，应有共同的规则，如表五。

⑨表三规定各种课程排列的次序，表五规定每一种课程进行的程序。这两表里，有一重要而共同的原则，便是“先习而后学”。习和学的意义及其关系，另文讨论。

⑩表三里规定，上学期的课程应在现场修习。但因课程的性质不同和企业工厂准备的条件各异，这里所谓现场，不能全指企业的工厂，而应以一部分的时间在校内工场修习。其原则为：在上学期内，各课程均是实践性质，不论校内校外，学生均应树立生产实习的观点。在下学期内，各课均是认识性质，学生应树立理论概念。

⑪政治课、语文课、体育课均应修习，但因非技术业务性质，故不在表三之内，应另行规定之。

⑫本学制的毕业生，在理论水平上，决不应低于现行学制，但其生产技术则较高，可免去毕业后之实习阶段。

⑬本学制的精神，更宜于中等学校，兹附列中等土木工程科的课程，以见一斑（见表六）。

工程任务分析表　　　　表一

	第一阶段（监工）	第二阶段（施工）	第三阶段（设计）	第四阶段（规划）
理论水平	修毕高一、高二、高三	修毕大一、大二、大三	大学毕业	大学毕业再加研究
基本技能	技术操作（做工与绘图）	操作加制图	操作、制图加计算	操作、制图、计算加布局
现场工作	根据蓝图及说明书，看工、查工及监工，并编报告	根据蓝图及规范书，绘制图说、指挥局部工程，并编报告	根据规范书、技术条件，计算并绘制设计图、说明书，指挥工程	根据技术条件、工程要求，布置全局、制定规范书并指挥全部工程
技术表现	根据指导，解决工人技能问题	根据指导，解决技术上局部问题	根据指导，解决施工及设计上普通问题	解决整个工程上设计及施工的特殊问题
管理能力	关于劳动力、材料、机具之使用及管理	就地组织劳动力、配置机具、供应材料、完成局部工程	计划材料、机具及劳动力之数量与质量，以应局部工程之需要	组织材料、机具及劳动力，实施经济核算以应全部工程之需要
劳动认识	了解劳动法令、就地处理问题	掌握局部劳动情况、预防事故、解决问题	掌握一般劳动情况、布置安全设备	掌握全部劳动情况、保证施工安全、发挥潜能
训练能力	训练工人、指导简单技术工作	训练监工人员、指导部门技术工作	训练施工人员、指导工作、处理事故	训练设计人员、指导设计及施工计划
研究能力	局部工程之新记录	局部工程之合理化、克服浪费提高效率	工程设计之合理化及技术上之发明创造	通盘筹划、整体改进
应负责任	保证局部施工之质与量、爱惜劳动力及材料、延长机具的寿命	保证局部施工达到设计上的要求	保证局部设计达到全盘工程的要求	保证全部工程完成后之效果，并使用最少的劳动力及材料
可任职务	看工员、查工员、监工员	学习技术员	技术员、帮工程师、副工程师	工程师

桥梁系学生可担任技术任务表 **表二**

	第一学年	第二学年	第三学年	第四学年	大学毕业后
职名	学习技术员	学习技术员	学习技术员	技术员	工程师
勘测	桥址测量 桥基钻探	河道测量 施工测量			桥址勘测 桥梁设计资料
检验	材料保管收发，沙、石、水泥、木材的实验	钢铁性能实验、土壤检验 钢梁的制造装配、铆钉、油漆	混凝土实验 钢梁杆件实验 土壤实验	桥梁检验 桥梁模型实验	桥梁评价 桥梁调查（无图）
绘算	计算土方 描绘钢梁图 描绘各项建筑图	计算钢梁应力 绘制钢梁细节图 计算钢梁重量表 绘制混凝土施工图 绘制钢筋木模图 计算混凝土容量及钢筋重量表	计算钢梁挠度 钢梁成本估计及核算 桥墩成本估计及核算 绘制混凝土设计图 绘制建筑施工图 绘制桥梁竣工图	计算钢梁次应力 计算桥墩应力 计算土压力 绘制桥墩设计图 绘制钢梁设计图	桥梁规划
施工	挖土工程 打桩工程 混凝土浇筑 引桥土方 河岸、河床保护 铁路轨道及公路面建筑	围堰工程（木钢板） 桥墩浇筑 木便桥工程 钢梁装配油漆 工房建造	开口沉箱工程 气压沉箱工程 钢梁制造 钢梁安装	桥梁建筑 桥梁修理 桥梁加固	桥梁施工计划 桥梁施工程序 桥梁制造厂计划
研究				制定工程说明书 制定工具说明书	制定规范书 桥梁载重及布置

注：一、可担任能力逐年增加；二、技术以外之任务见表一；三、所谓任务均指参加，而非主持，即在指导下进行；四、所列任务系举例性质，不求完全。

高等学校桥梁工程系课程表　　表三

政治课、体育课、语文课另列

入学程度为高中毕业或中等工程科毕业

<table>
<tr><th>年级</th><th>学期</th><th></th><th colspan="6">现场</th><th colspan="6">课室</th></tr>
<tr><td rowspan="6">第一年级</td><td rowspan="3">上</td><td>科目</td><td>桥梁基础</td><td>混凝土建筑</td><td>测量</td><td>地质</td><td>工程画</td><td>铁路工程</td><td colspan="6" rowspan="3"></td></tr>
<tr><td>习</td><td>打桩挖土</td><td>混凝土房屋</td><td>桥址测量</td><td>地质调查</td><td>描图计算</td><td>铁路建筑</td></tr>
<tr><td>学</td><td>基础工程(上)</td><td>混凝土学(上)</td><td>高级测量</td><td>工程地质</td><td>工程画</td><td>铁路理论</td></tr>
<tr><td rowspan="3">下</td><td>科目</td><td colspan="6" rowspan="3"></td><td>数学</td><td>力学</td><td>材料</td><td>河工</td><td>道路工程</td><td>土壤力学</td></tr>
<tr><td>学</td><td>数学(上)</td><td>工程力学(上)</td><td>材料性能</td><td>河工学(上)</td><td>道路建筑</td><td>土壤力学(上)</td></tr>
<tr><td>习</td><td>图解法计算器</td><td>实验</td><td>实验</td><td>实验</td><td>实验</td><td>实验</td></tr>
<tr><td rowspan="6">第二年级</td><td rowspan="3">上</td><td>科目</td><td>钢梁工程</td><td>混凝土建筑</td><td>土壤力学</td><td>桥厂机械</td><td>房屋建筑</td><td>测量</td><td colspan="6" rowspan="3"></td></tr>
<tr><td>习</td><td>钢梁制造</td><td>混凝土桥</td><td>土壤实验</td><td>机械使用</td><td>房屋构造</td><td>大地测量</td></tr>
<tr><td>学</td><td>细节作图</td><td>混凝土学(中)</td><td>土壤力学(中)</td><td>机械构造</td><td>营造学</td><td>校正法</td></tr>
<tr><td rowspan="3">下</td><td>科目</td><td colspan="6" rowspan="3"></td><td>数学</td><td>力学</td><td>结构学</td><td>机械工程</td><td>电机工程</td><td>冶金学</td></tr>
<tr><td>学</td><td>数学(中)</td><td>工程力学(中)</td><td>结构理论(上)</td><td>动力工程</td><td>交流直流</td><td>钢铁制造</td></tr>
<tr><td>习</td><td>图解法计算器</td><td>实验</td><td>实验</td><td>实验</td><td>实验</td><td>实验</td></tr>
</table>

续表

<table>
<tr><th>年级</th><th>学期</th><th></th><th colspan="6">现　　场</th><th colspan="6">课　　室</th></tr>
<tr><td rowspan="6">第三年级</td><td rowspan="3">上</td><td>科目</td><td>桥梁基础</td><td>桥梁安装</td><td>混凝土建　筑</td><td>工程设备</td><td>河工</td><td></td><td colspan="6" rowspan="3"></td></tr>
<tr><td>习</td><td>沉箱围堰</td><td>安装工具</td><td>混凝土桥</td><td>机械使用</td><td>河床保护</td><td></td></tr>
<tr><td>学</td><td>基础工程(下)</td><td>安装工程</td><td>混凝土学(下)</td><td>动力学</td><td>河工学(中)</td><td></td></tr>
<tr><td rowspan="3">下</td><td>科目</td><td colspan="6" rowspan="3"></td><td>数学</td><td>力学</td><td>结构学</td><td>机电工程</td><td>土壤力学</td><td></td></tr>
<tr><td>学</td><td>数学(下)</td><td>工程力学(下)</td><td>结构理论(下)</td><td>动力机械设计</td><td>土壤力学(下)</td><td></td></tr>
<tr><td>习</td><td>图解法计算器</td><td>实验</td><td>实验</td><td>实验</td><td>实验</td><td></td></tr>
<tr><td rowspan="6">第四年级</td><td rowspan="3">上</td><td>科目</td><td>钢桥设计</td><td>混凝土设　计</td><td>河工</td><td>桥梁工程</td><td>论文</td><td></td><td colspan="6" rowspan="3"></td></tr>
<tr><td>习</td><td>钢桥设计</td><td>混凝土拱　桥</td><td>河工实验</td><td>修理加固</td><td>生产问题</td><td></td></tr>
<tr><td>学</td><td>桥梁预算</td><td>拱桥设计</td><td>河工学(下)</td><td>桥梁工程</td><td>生产问题</td><td></td></tr>
<tr><td rowspan="3">下</td><td>科目</td><td colspan="6" rowspan="3"></td><td>高等数学</td><td>高等物理</td><td>高等材料力学</td><td>流体力学</td><td>高级结构</td><td>论文</td></tr>
<tr><td>学</td><td>微积分及分析</td><td>电磁光</td><td>弹力学</td><td>水力风力</td><td>高级结构理论</td><td>生产问题</td></tr>
<tr><td>习</td><td>图解法计算器</td><td>实验</td><td>实验</td><td>实验</td><td>实验</td><td>生产问题</td></tr>
</table>

制定课程的一般原则　　表四

（一）根据工作任务的要求（如表二），工作者有其必须具备的理论知识与工作技能，这些知识与技能，均应在学校的课程（如表三）里传授。

（二）每种课程的内容，均应在教学计划中详细规定。

（三）课程依其性质分为四类：（1）理论课需用数学较多者。（2）理论课需用实验验证者。（3）业务课需要在生产里实习者。（4）业务课需用理解较多者。

（四）以上第一、第二两类课程在课室学习，第三、第四两类课程在现场学习。所谓课室，包括学校内的教室和实验室。所谓现场，包括学校内的工场和企业性的工厂。

（五）学校内课室进行的课程，依通常办法学习。学校及企业内的现场课程，除每日作业外，必须规定在事前有充分说明，在工作时有充分指导，在事后有充分自修。

（六）每种课程内容，必须衔接上学年的程度和下学期的需要，即除有该课本身独立性外，尚须与前后的课程，有直的连贯性。

（七）每一学年的课程，应与同时期的其他课程有横的联系性，配合成套，以应任务的需要。

（八）每种课程修完后，必须能紧接在下一年起，即充分地应用，或表现于学习上（如在校），或表现于完成任务上（如工作）。

（九）同一名称的课程（如数学），可按程度深浅，分配于几个学年，分段完成之。

（十）不同学系的同名课程，内容不应相同，如桥梁系的“测量”不同于采矿系的“测量”。

（十一）每种课程的学习时数，及每学期课程的排列方法均另定之。其原则为：各星期的课程，不必相同，有必要时，在一时期内，可集中修习一种课程，而无其他课程。

（十二）每学期修习的课程，至多六种，每一种课程，每学年内只修一次。

（十三）课程考试方法另定之，最重要之衡量，为将来担负任务时的表现。

（十四）教学计划要能打破传统的“进学校即是读书”的观念。

每种课程学习程序表 **表五**

目的	求得理论与实际一致的知识以期担负规定的任务			
教育	对象	作用	方法	工地
习 ↓	（外形） 实际 ↓	（任务轮廓） 感性认识 ↓	（动目不动手） 参观 ↓	现场 ↓
学 ↓	（整体） 理论 ↓	（任务性质） 理性认识 ↓	（了解） 阅读 ↓	课室 ↓
习 ↓	（内层） 实际 ↓	（任务要求） 感性认识 ↓	（动手不生产） 实验 ↓	现场 ↓
学 ↓	（分析） 理论 ↓	（任务条件） 理性认识 ↓	（深入） 阅读 ↓	课室 ↓
习 ↓	（核心） 实际 ↓	（任务重点） 感性认识 ↓	（出品不经济） 生产 ↓	现场 ↓
学 ↓	（综合） 理论 ↓	（任务关键） 理性认识 ↓	（贯通） 阅读 ↓	课室 ↓

中等土木工程科课程表　　表六

政治课、体育课、语文课另列
入学程度为初中毕业

<table>
<tr><th>年级</th><th>学期</th><th></th><th colspan="6">现　　场</th><th colspan="5">课　　室</th><th>修业后可担任职务</th></tr>
<tr><td rowspan="6">第一学年</td><td rowspan="3">上</td><td>科目</td><td>绘图</td><td>测量</td><td>材料</td><td></td><td></td><td></td><td colspan="5" rowspan="3"></td><td rowspan="6">初级绘图员—初级测量员
普通看工员</td></tr>
<tr><td>习</td><td>描图计算</td><td>量地收土方</td><td>收料发料</td><td></td><td></td><td></td></tr>
<tr><td>学</td><td>工程画（上）</td><td>平面测量</td><td>材料性质</td><td></td><td></td><td></td></tr>
<tr><td rowspan="3">下</td><td>科目</td><td colspan="6"></td><td>数学</td><td>物理</td><td>化学</td><td>工作法</td><td></td></tr>
<tr><td>学</td><td colspan="6"></td><td>三角几何代数</td><td>力学热学</td><td>无机有机</td><td></td><td></td></tr>
<tr><td>习</td><td colspan="6"></td><td></td><td>实验</td><td>实验</td><td>木工</td><td></td></tr>
<tr><td rowspan="6">第二学年</td><td rowspan="3">上</td><td>科目</td><td>绘图</td><td>测量</td><td>材料</td><td>房屋</td><td>道路</td><td></td><td colspan="5" rowspan="3"></td><td rowspan="6">中级绘图员
土地道路测量员
初级查工员</td></tr>
<tr><td>习</td><td>建筑作图</td><td>房屋测量道路测量</td><td>验收材料</td><td>房屋看工</td><td>道路看工</td><td></td></tr>
<tr><td>学</td><td>工程画（中）</td><td>平面测量</td><td>材料性能</td><td>房屋构造</td><td>道路筑造</td><td></td></tr>
<tr><td rowspan="3">下</td><td>科目</td><td colspan="6"></td><td>数学</td><td>物理</td><td>化学</td><td>地质</td><td>工作法</td></tr>
<tr><td>学</td><td colspan="6"></td><td>三角几何代数</td><td>电磁</td><td>无机有机</td><td>初级</td><td></td></tr>
<tr><td>习</td><td colspan="6"></td><td></td><td>实验</td><td>实验</td><td>实验</td><td>金工</td></tr>
</table>

续表

<table>
<tr><td>年级</td><td>学期</td><td></td><td colspan="6">现　　场</td><td colspan="5">课　　室</td><td>修业后可担任职务</td></tr>
<tr><td rowspan="6">第三学年</td><td rowspan="3">上</td><td>科目</td><td>绘图</td><td>测量</td><td>材料</td><td>工程设备</td><td>房屋</td><td>铁路</td><td colspan="5" rowspan="3"></td><td rowspan="6">普通绘图员—普通测量员
普通查工员—铁路测量员</td></tr>
<tr><td>习</td><td>建筑作图</td><td>铁路测量</td><td>材料实验</td><td>工具使用</td><td>房屋查工</td><td>铁路看工</td></tr>
<tr><td>学</td><td>工程画（下）</td><td>平面测量</td><td>材料检验</td><td>工具构造</td><td>房屋建筑</td><td>筑路铁路</td></tr>
<tr><td rowspan="3">下</td><td>科目</td><td colspan="6" rowspan="3"></td><td>地质</td><td>数学</td><td>物理</td><td>化学</td><td>工作法</td></tr>
<tr><td>学</td><td>中级</td><td>代数解析几何</td><td>光学声学</td><td>无机有机</td><td></td></tr>
<tr><td>习</td><td>实验</td><td>图解法、计算器</td><td>实验</td><td>实验</td><td>金工锻工</td></tr>
</table>

注：三年卒业后发给中等工程科毕业证书。

新制说明

①本制度的主要意义，在于深入实践，巩固理论。

②为了深入实践，凡属业务需要的课程，即应在现场修习，以便先从感性认识，而后逐渐发展到理性认识。

③为了巩固理论，凡属业务课程之理论根据，应在完全明了实际应用后再行修学，先从“知其然”，而后达到“知其所以然”，则实际接触中所获得的片断、零碎、局部、偶然的具体

现象，方能贯串，联系为整体，其贯串联系的规律法则，即是理论。因系从实践得来，而非仅凭书本传授，故所得理论较为巩固。

④为了达到上述目的，业务课程应先行修习，其有关的理论课程应随后修学，即是从具体到抽象，从感性到理性，亦即是先习而后学。

⑤课程有对象，而学习的方法应有自然的步骤，即应从外表到内核，从片段到整体，从简单到复杂，因之课程的排列次序，也应由浅入深，由外而内。同一性质的课程应分为几个阶段，每个阶段的课程，都应先习而后学。故每种课程，视其内容性质，应分为几个往复轮回的习学阶段，由具体至抽象，再具体再抽象，亦是先习后学，再习再学。

⑥依此方法的自然趋势，在同一时期的课程，如分配得宜，即应具有相等作用的程度。作用既属相等，则凡能了解本期所有课程者即应能发挥与其相应的功效，因之亦即能担负与之适合的任务。故在本制度修毕某年级课程者，即能担负某种工程的任务，并非由于勉强要求，而系习而学的制度的自然结果。课程配合任务是目的，先习后学是方法。课程应与任务配合，本无问题，任务的条件，好像是购买材料应具备的规格，如无规格，买来的材料定不合用，然则造就人才，如何能不知其任务的条件呢？

⑦在现行的教育制度里，一切课程的安排，是理论在前，应用（即业务课）在后，每一课程的内容，亦是理论在前，应用在后，倘继续不断地将四年课程修完，一气呵成，当然有其连贯性及完整性，此为现制之特点。但不将四年修完，不能中途退出另谋工作，因除毕业外，在任何一年所已修毕的课程，均无配合到可以担负任务的条件，譬诸爬山，在现行制度，是四年爬一座大山，在半山中无法下地。而在新制内，是四年内爬四座小山，每年可另爬一山，或不爬山而服务。

⑧在现行制度，学生于暑假中需经实习，毕业后更需实习一年方能任职。在新制则两种实习均包括在课程之内。其故是由于现行制度是先学而后习，新制是习而后学。

⑨新制先习后学，再习再学，是另一种一气呵成的方法。现行制度的一气呵成是直线式，新制的一气呵成是螺旋上升式。现制是先理论后应用（学以致用），故是先难后易，新制是先应用后理论（用而后学），故是先易后难。

⑩学与习本难严格划分，现在所谓习，是指在现场作业，其主要任务为修习技能，但同时亦须学相关理论。所谓学，是指在课室作业，其主要任务为修学理论，但同时亦须习学相关技术。故先习而后学，是指主要任务而言，并非习时不学，或学时不习。

⑪习学轮回应往复于现场课室之间，且一年中在现场修

习时数,不必同于在课室修学时数。其最理想者,为视课程性质,分配其现场课室时数及往复次数。然而实际上极难办到,只能大体上规定半年现场半年课室,但为补救其缺点,则在现场内亦应设教室为习的时间学的用。在课室内,亦应包括实验室及工场为学的时间习的用。但学校实验室及工场无生产环境,故只是理论之一助,亦即学中之习,同样,现场教室无学术空气,故亦只是实践之一助,亦即习中之学,现场以实践为主,课室以理论为主。

⑫新制中的现场,本应指企业性的工厂而言,但在工厂准备条件未具备以前,尚难实行半年在校外现场,半年在校内课室之规定。因之在新制实行伊始,所谓现场修习,应分校内校外两种,其一时尚难在校外现场修习之课程,暂时应在校内现场进行。所谓校内现场,即系仿照企业工厂所特建之小规模示范工场。但在校外现场之修习时间每学年至少应有一次,且应在每学年开始时前往。倘学校所在地与企业工厂邻近,则此点应不难办到。

⑬校内现场,除上述原因外,尚另有其必要的理由:(一)土木系的工程,有地方性及季节性,不似其他工程之在固定地点,流水作业。欲在授课期内,觅得其适当修习之校外现场,极为不易,因之须在校内,特辟示范工场,置备各项工具及材料,尽量做实地施工之修习(借此亦可劳动建校,然遇适

当机会,仍应尽量往校外现场,参观实习)。(二)企业性之现场工作,有时太快或太慢,不适宜于教学。如有的机器,转动太快,难于了解,但在校内现场,则可减慢其速度。又如土木工作,在实施时往往太慢,而在校内现场,并可增加其速度。(三)对于基本性和代表性的机械的实习,校内进行比较经济。

⑭业务课之实习,何以必须在校外企业性工厂进行一部分,且何以必须在第一学年较早时期开始,其故如下:(一)学生在选系之初,如身临现场,亲眼看到将来一生的工作环境和任务性质,对于所选之系是否相宜,便能确切决定,如不相宜,趁早转系,不致浪费时间。在现行制度里,第一、二两年课程,多是理论性质,学生须到三年级学到业务课时,方知所学是否合适,如欲改系已是太晚。(二)很早到现场,便可很早地树立劳动观点、劳动态度,了解劳动法令、劳动条件。(三)学校内的实习工场,无论如何模仿企业工厂,不可能有其生产环境,因之学生在直觉上不免隔靴搔痒,失去实习的意义。(四)学生在企业性现场实习,同时可了解经济核算的重要,并学习关于会计、工率定额等问题。(五)在企业工厂,学生与工人一同工作,得其指导,在教学上是极大帮助。

⑮在校外企业性工厂修习时,有应注意的几件事:(一)每日作业,要有计划,必须事前有充分准备,讲解清楚,然后

在指导下动手。(二)与实习有直接关系的理论,应在晚间上课修学。(三)对于生产工作的实习,只求充分了解,不需熟练,因实习并非正规生产。(四)修习时间应随工厂规定,其原则为施工时则习,其余时间则学,假定夜间开工,则白天上课自修,以学的时间去凑习的时间。

⑯在校内学习,不论是课室或工场,书本当然重要,但更为重要者为实物(可动),其次为模型(可摩),再次为电影(可观),这些都是引导往理论去的感性工具。任何理论都是为某种实物而发,学的对象为实际,因之书本要有实物帮助,方能发生作用。

⑰同一名称的课程,在不同的学系里,作用不同,因之学习方法亦异,在某一系为习的课程,在另一系,可能为学的课程。

⑱在现行制度内,实习多半利用暑假,且不在课程之内,不计学时,不计成绩。在新制内,实习是包括在课程之内,既计学时,亦计成绩。学时如何规定,成绩如何记录,应加研究。

⑲现行学制内的暑假,已做实习之用,在新制内,有无暑假,可另研究,为了利用时间,似可将暑假缩短。

⑳现行制度,对于业务课的学,是将各种性质相近的生产工具,从里面分析出若干有代表性及共同性的个体单位,

进行教学,学生了解之后,将来在现场工作时,如将各单位综合组织起来,便会了解生产工具的全面和整体。在新制内,其进行程序,恰恰相反,学生入校后,很早便往现场,先认识生产工具的全面和整体及与其他生产的关系,连带地了解生产任务的性质和劳动条件,然后逐步地从外而内,从全盘到局部,来学习各组成单位的内容。两种制度的程序,所以不同,便因一是训练通才,一是训练专才;一是从理论基础上专门化,一是从实践基础上理论化。

㉑在新制里,学生分系之后,便等于规定了他毕业后的任务,甚至他终身的任务,以后他为人民服务,便限于这一行。因之学生选系,必须特别慎重,学校应负责给他最大的帮助。好在学生在入校之初,便到了现场,亲身了解到任务的性质及其前途,不似现行制度的选系,是以抽象的理论为标准,不免含有盲目因素。

本学制适应国家建设具有极大弹性,不但任何年级修完的学生都可出校工作,而且任何一个年级都可招收新生(或是回校的旧生),因课程既与建设任务配合,凡已有担负某种程度任务的能力时,即可插入与其任务程度相衔接的年级。在现行制度下,学生要四年毕业,毕业后实习一年,而这五年中,不能中途退出,退出亦很难担负任务,因此学校要能预见五年后的建设需要来规定现在招生的名额,如何能灵活地配合建设的需要呢?

㉒新制的精神,是要训练见闻广博的熟练专家,而非造就精通理论的万能通才。学术的“通”,浩无边际,本是件不可能的事,但一种任务的“专”,因为局限于科学进步的程度,不得不有其一定的深浅,于是专家即有造成的可能性。专家欲在他那专科里,更求深造,必须多了解与他有关的其他科目,尤其是自然科学,了解的科目愈多愈深,便愈能提高他本行一科的水准,而成为更高度的专家。好比垒石为塔,塔底愈广,塔顶愈高。新制的目的,便是先造就一个有塔顶(专门技能)的小塔,然后经过长期的学和习,将它逐渐扩大起来。

㉓现行制度的课程,是倾向于造就通才的,由基本理论,经应用理论,到专业理论,完全依照理论上的发展,自成一套系统,是由内而外,由抽象而具体的。但在现场的实习作业,却是不可避免地由外而内,由具体而抽象的另一套系统,这两套系统,是反向逆流的。因此现行制度的毕业生,要经过一年的生产实习,方能担负任务,这里面理论与实际的关系是“衔接联系,前后一致”,与新制里面理论与实际的“平行结合,同时一致”是大不相同的。

㉔理论与实践,谁是基本,谁是工具?在学校的看法,理论是基本;在工厂的看法,实践是基本。近代科学发达,技术进步,当然是靠理论的推动力,然而理论的根源是在实践,而

复杂高深的理论,更需要实践(实验)来解决。理论扩大实践的范围,实践提高理论的目标。每一工程问题的理论,后面必须要紧接实践,而实践的后面,又必有新的理论,两者紧密循环地结合,便使理论与实践融合成一体。因此理论与实践,是互为基本,互为工具,而不应强分高下,或形成孤立的。新制里,先习后学,便是将理论来贯串实践,实践如是“串”,理论便是“贯”,当然是先有了串,然后再去贯。

㉕在新制里的学生,先经实习,再读理论,由“知其然”逐渐达到“知其所以然”,而所读者紧接有关的实习,实习与理论,相配合地由简单到复杂,由低级到高级,则对理论的了解,更为透彻巩固,随时有实习做背景,知道如何以理论来贯通实习,以实习来发挥理论,知道理论中有实践,实践中有理论。

㉖其他说明,参见《工程教育的方针与方法》(《光明日报》1950年6月4日)和《习而学的工程教育》(《光明日报》1950年4月29日)。

新制特点

①新制解决目前及将来对于干部教育之迫切要求。此项要求即是要在最快的时间内造就大量的极好的建设人才。

（一）新制造就出的人才是好的，因他们能结合理论与实际，而且他们的理论将是巩固的，他们的实际，将是深入的。（二）新制造就出的人才是多的，因除在课室修学的，另有在现场修习的，倘若将全校学生分为两部，同时在课室及现场学习，这人数不是比现在多了一倍吗？（三）新制造就出的人才是快的，因不必等四年毕业，在任何一年修完时，学生都可出而服务，倘将各年级的名额，按照建设任务的条件和人数比例分配，那便更合于实际需要了。

②新制为工农开了门。现行制度也是为工农开了门的，但这门开在山上，高不可攀。因在这制度里，理论课在前，业务课在后，微积分是较难的，放在第一学期，桥梁建筑是较易的（难易是从工农观点而言），倒可能放在第八学期，工人出身的技术干部，对于桥梁建筑不觉可畏，但微积分对他是一道墙，有道墙堵着大门，这位工人还能进门吗？这门不是开在山上吗？在新制里，桥梁建筑和微积分，彼此换了位，业务课在前，理论课在后，而且一切课程，都是由浅入深（也是工农观点），这门前不是没有墙了吗，工农不是真正地可以进门了吗？

③在新制里，师资较易解决，因属于现场修习的课程，在现场的工程师都可胜任，这样便增加了一半师资的来源。在现行制度里，现场的工程师对于理论课固不擅长，即对业务

课亦觉格格不入,因其课程的内容,多半不切合其本人的实际,而课本的写法,又多“书生”气息,因之,学校教授与现场工程师的交流,在过去是无甚成效的,结果便是师资缺乏。然而在新制里,这交流是确实可行的,至少对业务课而言。

在新制里,学生毕业后的工作,可以预定,因他在企业工厂实习,工厂对他当然很了解,在他毕业后,一定欢迎他来厂服务,这样在学生实习时,工厂就可将他预定为职工,对他的实习训练,也更觉得重要了。

④在新制里,学生不等毕业,可在任何一年终了时,出校服务,对于建设需要,已是极大帮助,此外另有一种作用,即如学生响应号召而出校参加任何工作时,其在校学习之课程,因分年成段的关系,对其所任工作,必可发生作用,其学习时间并非浪费,但在现行制度里,学生如在中途退出,则其在校所得多属理论课程,系未来业务课之准备性质,对其出校工作,未必有何作用,因而在校时间几等浪费。

⑤在新制里,不需另设专修科,因前三年之课程,每年分段,即无异于一年制、二年制,或三年制之专修科。一个校内专修科与本系并立,问题甚多,本不相宜,新制是简单化了。

新制准备

①现行制度是“学而时习之”，新制是“习而时学之”，两个制度，对于学习的看法、理论与实际的看法、通才与专才的看法，都不相同，因之新制并非现行制度的改良，而是基本上不同的另一套制度，同样，新制里的课程，也很难从现行制度“改革”而来。既有如此的悬殊，在现行制度下，这新制如何能产生呢？唯一方法，便是实践，便是办一个新的学校，在这新学校里，完全实行新制。

②在这新学校未招生之前，先要准备三件事：(一)师资。新制的教学计划与现行的是完全不同的，因之新的师资，须重行储备，或从现有教师来，或从现场工作人员来，均须先经研究，将课程内容，完全商妥，教学计划，完全议定，方能开始授课。(二)教材。现行制度的教科书，都是按科学分类来写的，每类由浅入深，自成系统，而且都从理论发展到应用，其目的在训练思想。新制的教科书，是应从工作任务分类来写的，每种任务包含多种科学，其目的在深入实践，从实践发展到理论，从而巩固理论。举例言之，力学一课，在现行制度里，是当作物理的一部分来教的，几乎全讲抽象的东西，甚至举例习题，也是抽象的。因为需要高深数学，故而学在微积

分之后，而微积分成为进大学的敲门砖。在新制里，力学一课，应配合现场所习的东西来教，其举例习题，也应限于实习里亲身经历的对象，如此的力学，便是工程的一部分，而其包含的，也不止物理一科了。像这样的力学教科书现在是没有的，必须新写。因此新制里的一切教科书，也都必须新写，这是一件巨大的工作。（三）现场。在新制里，一部分的课程，在现场修习，而现场最好是企业性工厂。因此企业性工厂，如何与学校合作，如何将学生实习，看作经常任务，对于学生实习及生活上的照顾，如何规定实施，工人指导学生能否看作生产任务，有无超额奖励以及工厂的一切物资条件，如何促其实现等等，均须有充分准备，方能实行新制。同时学校里的现场，也不可少，这现场并非现在学校已有的工场，而是具体而微地模仿企业性工厂建造的，不同的系，有不同的现场，这又是一件巨大的工作。

③以上这三件大事，岂是咄嗟能办？还有第四件大事，虽非开门急需，也是极其重要，便是对于中途出校学生的函授教育。因为学生不到毕业，即出校工作，不论由于自愿或响应号召，但他的求知欲，是必定与时俱增的。愈在现场历练，便愈感高等教育的重要。因此学校有义务为其解决，这义务便是函授教育。好在这函授里的教材与学校正规用的，无多差别（若现行制度的教材便不适用），其问题只是教师

而已。

④由于准备的困难，新制实行，当然要极端审慎，只可在新成立的学校试办，而不便在现有的学校里，强行改革。等到一年一批的新学生，走到现场工作，尤其是等到四年毕业生，“出而应世”，那时新制旧制的学生“并肩作战”，便很容易看到他们中间的差别，而新制是否优于旧制，也可在实践中证明了。

⑤“三年准备十年建设”，这习学新制，能否算作准备之一呢？

原载《习而学的工程教育》，1951年3月23日北方交通大学出版

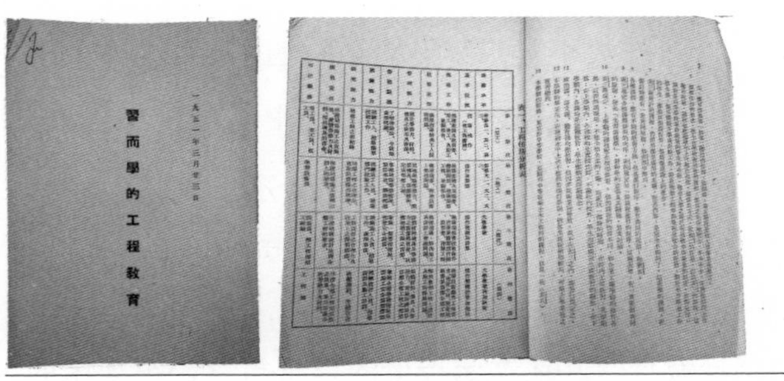

习而学的工程教育（1951年印刷版）

工程教育中的学习问题

在解放后的新中国,工程教育和其他教育一样,面临着严重的考验,凡不符合共同纲领里教育政策的那些内容,都应该逐渐地予以淘汰或改革。中央教育部为此曾召开各种会议,确定了教育工作的总方针,强调指出教育必须为国家建设服务,学校必须为工农开门,明确了改革旧教育的方针和步骤,与发展新教育的方向。在各种学校里,并已有重点地开始进行了改革课程、改编教材、改进教学方法、改变教学组织等一系列的工作。因此我们工程教育,在短短的一两年内,已有了很显著的进步。此后不断努力,必可将旧的工程教育,稳步地改革成新的工程教育。

旧的工程教育里,不论高等、中等或初等的学校,都存在着很多的问题,有的是众人皆知,急需解决的,有的是若隐若现,人不注意的。然而正是这些不甚显露的问题,大家视为当然,不觉其利弊之所在,倒很可能是其他问题的症结,是其他问题的核心。因此在工程教育里,像这样的核心问题,似应及早提出研究,及早予以解决,对于新教育的发展,可能有极大的帮助。这些核心问题之一,便是学习问题,即“学”与“习”的内容、比重及其先后次序问题。现在就高等学校里的这个问题,将研究所得写成本文,贡献给有关各方,希望讨论批判,并将讨论结果,反映到中等和初等的学校里去,以供改革各级教育参考。

旧的工程教育,在中国以前的所谓新式教育中,还是比较早的,而且也是比较有成绩的。但其内容,多半是从欧美资本主义国家,尤其是美国,抄袭而来,因而不合国情,在很早的时候,便已有了问题。然而在当时环境,这些问题,是无法解决的。我于25年前,在一篇《工程教育之研究》的文里,揭发了这些问题,登载于1926年12月份的《工程》杂志。那里面讨论了学制、招生、课程、考核、教授、实习、服务等问题,兹将关于学习问题的几段,摘录如下:

课程次序——工程为应用科学,故现时之工校(指高等学校,下同)课程,有一公认之点,即将各种纯粹科学置于专门学科之前,而假定理论必先于实验是也。如学生之在一、二年级时,必先授以数理化之科学及人文课程。至三、四年级时，始有各项专门技术之学科。即每种课目之内容，亦必先谈理论，而继以实验。基本科学，虽蓄义精奥，必习之于先，专门课目，即显明易晓，亦置之于后。此种程序，完全受大学文科之影响，而实有悖于教育之原则。盖人类求知之欲，发源于好奇之念，今先授以精深之理论，而不使知其应用之所在，则不但减少求学之兴趣，且研习理论，亦不易得明彻之了解。此外尚有连带之障碍如下：

1. 学生入校之始，若先授以理论科学，则与其在中学所习者，除程度深浅不同外，无多差别，不能引起对于所习工科之兴味。

2. 普通学校规章，升级次序，不能躐等。今科学理论在前，而工程课目在后，则有工程天才而于高深理论欠缺者，势必先受淘汰，而理想高超不宜工程者，反随众升级，致入歧途。

3. 工校分科(系)，大都始于第二年级。今第一年级之课程，既属于理论科学，与各种工程，同有密切关系，则学生不能鉴别各种工程之异同，为选择学科之准备。

4. 理论科学原为工程之基本学识，但两者之关系如何，轻重何在，一、二年级之学生，往往不能识别，只就课堂所授，囫囵修习。及至升入高年级时，处处应用科学，反不知其关键之所在。

5. 工程事业，日新月异，困难问题，随在皆有。今学生在校，动将理论归纳于事实，则此后解决工程上新事实时，将有不知所措之感。

根据上述原因，现时工校，已觉现行制度之不当……今人有提议先授工程课目，次及理论科学，将现行程序完全倒置者。然事属创举，变动过巨，非经长时间之缜密研究，恐难遽成事实也。

教育方法——工程教授，大都系本科专家，对于教育方法，无多研究，故施教效率，不免低微。若在可供测验之课程，如绘图工厂等，尚不难自求其症结。此外课程，则学生实得几何，殊无确切方法可资考验，故改进亦非易矣。然我国学生之通病，据经验所得，亦有足述者。倘从此入手，不无途径可寻也。

1. 好问为求学捷径。然我国学生，大都深自敛抑，不愿于广众之间，质疑问难，积久自成习惯，播为风气。而为教师者，乃不能周知学生之隐曲。

2. 我国学生富于模仿，而缺乏独立性质，故课程之有分组练习者，每一组内只有极少数人实心从事，其余大都迟徊观望，不求甚解。

3. 缺乏常识，往往实验或计算结果，显为事实所不许者，亦不知其错误所在。

4. 重视考试而不求所学之应用。虽博闻强记，而对于浅近事实，不知解说，寻常工作，不知措手。

5. 读书方法，未尝研究。以工校课程之繁重，遂觉难于应付，而只求及格为能事。

教授方法，本视课目而异，无一定之界说。然……若参照下述方法，斟酌仿行，必可获较佳之结果。

1. 通常有实验之课程，其教授次序均为讲解、问答、实验，即理论先于实验。但为考查学生之悟力、增加学生之兴味起见，若将其前后次序，稍加更动，使因实验之故，而自答其所问不明之理，再行讲授，则收效必速。

2. 各种异名之课程，应重加整理，其性质类似者，即合并为一，以减分歧。盖课程之命名，原属假定，其间并无严格之界划也。

3. 课程中须征引日常目击之事物，以增兴趣，对于有关经济人事之问题，尤当特别注意。

4. 各种教授，应时常彼此接洽，借以考查各生各课之程度。如发现某生某课之弱点，不论该课是否为本人所担任，或该生读该课时业已及格，均须公开讨论，速谋补救。

5. 各课应用之标本模型，应广为设备，以便讲解。

6. 学生心理，应时加研究，如发现不当之点，应从速设法矫正。

服务——(工程)使命,在应用宇宙间之事物,以谋人类生活之幸福。故着手之先,即应有一预定之目标,为进行之归宿。所有科学知识、艺术技能以及经济之研究,皆为其趋赴目标所需之工具及应用之方法……今试将我国工校现状,就此点研究之。

1. 所有课程中之纯粹科学部分,如数理化等,因系基本学识,均异常注意,务使学生有充分之了解。其鞭策方法,与文理等科初无二致。

2. 所有关于工程之专门课程,力求其内容充实,理解详明,务使学生洞悉窍要,周知崖略,任举书中一事,能照课堂所授,背诵其原委。

3. 所有实验课程,就设备所及,财力所许,务求完备,使学生就指定范围内领略实验室中之世界。

4. 所有理论课程之考核,均务求严格,而以试卷为评定之依据。其实验课程,则只须按期毕事,考核标准,亦较有伸缩。

以上为工校之最大目标,即使完全达到,所教育之学生,充类至尽,所知亦只限于各种理论及理论之征验。至各种理论应如何融会衔接,固未计及。即有资质超迈之学生,能自求沟通,同冶一炉,而理论如何能用于实际,亦依然渺无准备。盖其所受之教育,有使其不得不然者。

1. 据多数工程师之意见，工程师成功之要素，至少计有六项。依其重要之次序，即品行、决断、敏捷、知人、学识及技能。以上仅最末之学识及技能两项，为现时学校所注意，其他四项，虽系天赋，然学校既无测验之法，复无培养之方，以致无从进步。

2. 无论何种工程，所包含之事物，不外真理、材料及人工三项。普通工程学生，对于工程理论，固有几分把握，材料、人工，则所知已属有限，若与材料、人工有关之经济问题，则更为隔阂。

3. 效率为工程师最要观念。同一工程，其消耗精神、时间、财力最少者，斯为上乘。然工程学生，对于一种工程，或能稍知其梗概，若以同一功用之数种工程，使为较量其效率之等差，则必难于解决。

4. 工程管理中之最大困难，即人工之进退调遣及其发生之影响。除劳资问题溢出工程问题外，即就人工本身言之，如雇用之选择、奖励之方法、报酬之标准、工作之训练等，均为工程师应有之责任。然工校学生对于此种问题，固已研究准备妥乎？

从这些工程教育的学习情况里，看出二十五年前的高等学校，是不可能很好地为国家建设服务的，更谈不到为工农开门。这些情况，在我们高等学校里，一直延续到解放时为止，基本上还是无甚变更。所以我在1950年4月29日《光明日报》所载《习而学的工程教育》一文里说：

过去工程教育的特性：(1)它是广泛不精，以培养“通才”为目的的。土木工程系的毕业生，可以参加任何土木工程部门的工作……对于选择职业，当然是一种方便……但从他就业的那部门来看，他成为一种负担，他不能立刻生产，他需要继续学习，他就业的那部门，担负了培养“专才”的任务。(2)它是以理论为前提，来便利学生选科选系的。希望学生在读了一年基本理论……以后，便能解决他是否宜于工程，或是工程的哪一系。机电两系的学生，在第二年级读完相同的理论以后，便能决定他是宜于机械或电机……(3)它是以理论为基础，施行工程教育的。开始便讲最基本的自然科学，认为科学理论，是一切工程的基本。有了理论，便可启发智慧，举一反三，对于各种工程，经过实习，即能触类旁通了……(4)它是以实习来帮助理论，不是以理论来贯通实习的。校内实习本已与工程生产脱节，而这脱节的实习还是理论的附属品。于是这理论更与工程生产脱节，成为“脱产理论”……

这些特性，造成下列现象：(1)理论与实际脱节。工程毕业生不能做工人的事，虽说能计算，能画图，能设计，并能写论文,但多半是“纸上谈工”,不切实际。非在工程现场里,从头学起不可。等他能了解工程的实际时,他原有的理论也许忘记了(也许是陈腐不适用了)。他若不知补充新的理论,他便成为落伍的工程师。(2)通才与专才脱节。本来是想造就通才的底子,慢慢训练为专才,但只是理论上的“通”(或仅是书本上的“通”)是无法达到实际上的“专”的。实际上的“专”,必须以实践为基础,由此进一步地达到理论上的“通”……(3)科学与生产脱节。在校读科学,不以生产为对象,因之工程各系的划分,以科学的性质为主,成为土木工程、机械工程、电机工程等系,但在任何的生产工作上,都需要多种工程的配合,任何一种生产的专家,实是相关工程的通才。譬如桥梁工程,并非一个土木工程的通才所能办的,需要很多的机械工程、电机工程、冶金工程等的理论与实践,方能成为一个桥梁的专才。因此工程各系的划分,如就生产需要而言,是应以工作的性质为主的,如铁道工程系、桥梁工程系、机车工程系、信号工程系等。(4)对于学生入学的要求,是重“质”不重“量”,宁可招收少数程度整齐的,不愿训练大量普通的。这是完全受了重视理论的影响……于是理论的分数,成为入学的标准。至于这些理论好的学生,是否能成为好的工程师,那就无法过问了。其实好的“质”是要从大的“量”来的,尤其是工程工作者。(5)对于学生毕业的条件,是一切分数及格，而这分数，绝大多数是指理论的课程。至于校内实习、暑期实习等作业，往往是无关轻重……

这些现象，都是不合理的……因为过去工程教育是抄袭资本主义国家的（尤其是美国），而在资本主义国家里：(1)工程生产事业大半是私营的。(2)大学及专门学校，私立的也很多。(3)学生在校是受一个主人支配，出校就业，又受另一个主人支配，而这两个主人，各有各的计划，只求自己出品增多，以致形成双方脱节的现象……

从上可见，旧的工程教育里，确是有很多问题的，如制度、课程、教学方法等，都与实际的要求不一致，因此必须进行改革。改革的目的，即是要理论结合到实际，使一切存在的问题得到根本的解决。所谓解决，以上面提到的问题来说，即如制度要适应国家建设的需要、课程要配合生产现场的任务、教学方法要保证学生学业的完成等。总结地说，即学习要有最好的效果。倘若这效果是能长久地，继长增高地好起来，这些问题，才算得到根本解决。所谓根本，应是针对原有的教育基础而言，倘若这基础是不坚实的，在那基础上进行的一切改革，诸如制度的改善、课程的充实、教学方法的提高等，便均非根本的解决。旧的教育基础是否坚实呢？我们学习了毛主席的《实践论》以后，即可肯定地说，它是不坚实的！学的对象是理性知识，习的对象是感性知识，倘若一切知识的获得，都是先由感性而后理性，那么在学习的方法里，不是也应该先习而后学吗？因之，先习后学的教育基础，才是坚实的，否则即是不坚实。而旧的教育恰正是与此相反，是先学后习的，因之，旧教育基础，即是不坚实的。在这不坚实的基础上，来解决任何问题，所有的解决，当然皆非根本的了！

过去的工程教育，都是先学而后习的。中国数千年来的一切教育，都是如此，所以古书里有“学而时习之”的话，而“学以致用”“知而后行”等类的说辞，成为万变不离其宗的教育方法。然而这方法的产生，并非由于教育原则，而是由于政治和社会的制度。在封建统治或资本主义的政治和社会里，一要造就通才，二认为理论重于实践，三对学生重质不重量，四将教育“科举化”“八股化”，其结果便自然而然地产生了先学而后习的方法。但从教育的原则来说，这方法是恰应相反的。在上述《工程教育之研究》的文内，已经提出先习后学的意见，无奈当时认为幻想，和之者寡，但我却坚信不疑。等到解放后，就提出“习而学”的口号。（很多年以来，同学们要我提纪念册，我就爱写“学而时习之，习而时学之”两句话。）并在《光明日报》上发表了“习而学的工程教育”的主张。其时各方反映甚多，有些疑问，我在去年 6 月 4 日《光明日报》的《工程教育的方针与方法》一文里答复了。后来又听到些意见，需要解释，现将先习后学的各种理由，一并列举如下，以供讨论。

(1)学的对象是理论，习的对象是实践，理论与实践，并非各自孤立，而是彼此需要互相依靠的，同体力劳动与脑力劳动不可分一样。因此在学习里，理论与实践，应求其统一。但在课程结合到实际时，在任何一个阶段里不能不有其一定的次序，于是发生学和习的先后问题。这里主张的，是先习实践课程，后学理论课程，由“知其然”达到“知其所以然”，是“学而时习之”的大翻身。

(2)由“知其然”而达到“知其所以然”，本是极自然的学习方法，如学文先习语，即是一例。工厂里“师徒制度”训练出的人才，往往是出类拔萃的工程师，即因他先实践以习技能，后自学以通理论，对于实际中接触所得的具体现象，能以理论去贯串联系，得到整体全盘的透彻了解。他看重理论，甚于大学的毕业生，他对理论的了解，亦甚于大学毕业生(指旧教育而言)。

(3)理论与实践，谁是基本，谁是工具，在学校的传统看法，理论是基本，然而在现场工作的人们看来，理论只是工具。这两种看法，对于学生学习，都是有妨碍的。近代科学发达，技术进步，当然是靠理论的推动力，然而理论的根源是在实践,而复杂的理论,更需要实践(实验)来解决。理论扩大实践的范围,实践提高理论的目标。每一工程问题的理论,后面必须要紧接实践,而实践的后面,又必有新的理论,两者紧密循环地结合,便使理论与实践融会成一体。因此理论与实践,是互为基本,互为工具,而不应强分高下,或各自孤立的。正因如此,在工程的学习里,理论即不一定要先于实践,倘若先实践的效果更好,便应放弃理论为基本的成见。

(4)理论课程与实践课程,谁是基本问题,可举例以明之。譬如造屋,实践课程是供给造屋所需的一切材料,如砖石木铁,理论课程是使这些材料配合成形,大之使成屋架,小之使成门窗户壁。当然二者都至关重要,缺一不可。然若说“成形”的功用,大于材料本身,将“基本”的美名,加到理论课身上,无形中减低实践课的重要,则不免受了封建教育思想的影响。再以学习外国语文为例,以前传统的方法,是先学文法,后学会话,亦即是先理论后实践,过于看重理论。然而现在最新最好而且经考验的办法,是先习会话,后学文法,亦即先习而后学。在这新方法内,会话与文法,同等重要,不分谁是基本,但从功效来决定,便是先会话而后文法。

(5)从工程发展的历史来看,一切工程都是先根据经验,然后尝试,等到知其成败,再从成败中推求出法则,研究出理论,然后从新的理论,再创造出新的工程,但其最初根源是实践而非理论。因此习而学的教育方法，正是符合工程发展的本身规律。

(6)“先知其然，后知其所以然”，不但是教育的当然程序，亦是研究一切事物的方法。遇到一件新鲜东西，最初知道的，只是它的作用，莫明其妙，后来经过考察分析等思虑，方才逐渐地领悟其真相，推敲出理论，知其所以然。因此有了先习后学的习惯，便能进行研究工作。历史上有许多发明家，循此步骤，得到成就。有些重大发明，连发明的人，当时都不知其理论，可见实践实是研究的开端。

(7)理论课程，是重要的，是必须修学的，但切不可空，亦不应泛。欲避免此种空而且泛的毛病，唯一方法即是先习而后学。所学的以所习的为根据，所习的既是无法空泛，因此所学的理论，也就不会空泛。如若先学而后习，脑中海阔天空，无处非理论，等到实践时，偏偏那至关重要的理论，倒可能未曾遇见过。

(8)先学理论后实践的人，往往易犯教条主义，尤其是在初学理论还无实际经验的时候。倘若先习后学，便知理论的应用，是有限制的，因而不致空谈乱说或言行不符，对于作风态度，也可起一定的作用。

(9)欲了解理论，过去传统的办法，是从书本中钻研，因为书本是旁人经验的累积，既是有人从经验证明了的理论，当然可以信赖接受，不需重复地去再做实验。然而除了这种间接方法，倘能从自己的实验里，来了解自己所欲了解的理论，这了解的程度，一定比从书本得来的更为透彻。书本所用的文字和图画，无论如何，总不及实物，因之形象教授法，高于书本传授，而有些理论，更非从实践经验，无法领悟。

（10）科学进步，理论当然日益精到，同时实践，也愈来愈新。以桥梁言，计算应力，若只凭理论，疏漏之处尚多，甚至有无法解决的问题，然若用实践的方法，如“偏光析力”或“电流感应”等法，则其结果，格外周密正确，可补理论之不足。又如近代之计算机能解决数学上的高深问题，其功用之大，极可惊人，竟可代替人脑的工作。机械虽是根据理论做成，但其功用的发挥，却将理论更推进一步。

（11）过分看重理论的人们，每好说理论即是思想的训练，理论不通的人，思想便也不通，其意好像是说，单凭实践是无法把思想搞通的。其实，实践正是搞通思想的更好方法，不仅政治方面为然，科学技术亦如此，其分别只是在，有些思想要靠理论，有些要靠实践来搞通，而并非单凭理论即可将思想训练的。

（12）理论主义者又好说灵感，认为许多发明创造，是由灵感而来，而灵感则有赖于幻想力，欲养成幻想力，则需精通理论，其实这是倒果为因的说法。幻想是想入非非，灵感是有触而发。这非非的边际是什么，有触是触到什么，难道都是书本上的理论吗？不是的。无论如何想入非非，这“非非”有个边际，就是实际的经验。无论如何去触，所触到的根源，必定是具体实物。假使一位理论主义者，关在房中，埋头苦干，他绝不会有灵感，他的幻想力，也绝不会有进步。

(13)理论是抽象的，应用于事物而求其内在的规律和联系时，必须假定事物应具备之条件，而此项条件，又不免抽象，绝难吻合于实际。如材料力学中分析应力，必须假定材料之物理性质，应如何均匀，材料上加重，应如何分布等，均为实际不可能之事。倘实际情形，不似理论所假定，则理论结果，亦必不合于实际，而成为空泛。工程上最困难的问题，不在理论本身，而在如何应用此理论。工程成败，完全决定于应用得当否。而欲知如何应用，则绝非深入于理论能解决，必须于实践的经验中求之。理论无论如何精辟周到，皆是在抽象的理论环境中，但在应用理论时，便到了具体的实践环境。不知实践，理论一无用处。唯有以实践为基础的理论，此理论方能应用，方能解决问题。

(14)工程师对于科学理论，不但要能彻底了解，尤其要能牢固掌握。然后方能：①解释现象，坚强他对任务的信心；②举一反三，扩大科学应用的范围；③推陈出新，研究更新的理论。然而任何理论都是抽象的，一用到具体实物上面，便受实物的条件限制(譬如材料性质、四周环境、使用情况等)。这些条件限制,无一能从理论知道,必须从实践经验得来。因此有了经验再学理论,方知理论可贵的所在,能善用而不致误用。否则,若先知理论,然后应用,其结果不是手足无所措,便是横施滥用,徒然辜负了理论的价值。

(15)我们常说理论应与实际结合,这里面的意义是说,有的场合,应当理论去结合实际,有的场合,是实际去结合理论。如同革命行动的实际,是要靠理论去指导的。又如创造发明的研究工作,也是在实际里去求结合理论的。然而在教育里,究竟是先有了实际,然后用理论去结合,还是先有了理论,再拿实际去结合呢?理论是举一反三的,实际是时刻变化的,谁应去结合谁呢?哪种结合方法,最适合教育原则呢?如果理论是要掌握实际的规律,而教育是要了解实际的情况,那便应是理论去结合实际,亦即先知实际,再学理论。

以上说明了在工程教育中实践的重要性、理论与实践的相对地位、实践在前理论在后的学习原则,并且强调了先习后学所得的理论,更为巩固。如将此结果,反映于高等学校的工程课程,即可发现其中存在的矛盾。这些课程的排列,是基本科学课在第一年级,应用科学课在二、三年级,专门业务课在第四年级。亦即理论课在前,实践课在后,正与上述的条件相反。若用先习后学的原则,则年级划分,只有程度区别，而无性质差异。在每一年级内，都应先习业务，后学理论，理论程度，随业务上升。像这样的课程，在实行时，有无困难呢？这里需要较详的解释。

(1)课程排列的主要原则，为先修规定。甲课为乙课之先修者，必须先修甲课，及格后方能修乙课。其意义为，甲课既是乙课之来源，自应先知其来源，然后方能了解来源之去路。此从纯粹理论课程言，完全正确，如欲修微积分课程者必须先修解析几何，而欲修解析几何者，必须先修平面及立体几何。同时从实践课程言，亦完全正确，如欲修桥梁基础之沉箱工程，必须先修打桩、挖土及混凝土建筑，而在此前，更须先修测量绘图。然而此中有一大问题，即理论课程与实践课程之间，究竟谁是谁的先修？旧教育里认为理论是实践的先修。故一、二年级课多为理论性质，而三、四年级课，多为实践性质，此即学而习的传统观念。然而从事实证明，有工程经验的人，修学理论，其成就多在先学后习者之上，亦即说明，实践实应为理论之先修。初等理论应先修初等实践，高等理论应先修高等实践。若旧教育中，初等实践(如测量)，往往以高等理论(如微积分)为先修，当然是本末倒置。

(2)课程中之先修问题，往往是主观决定，并无固定标准。除纯粹数学较有范围外，其余理论课程，牵涉都是很广，如物理学中，即牵涉到数学、化学、生物、地质等课，然则此数课亦是物理的先修？每学一课，即欲先知此课的“来历”，甚至来历的来历，其势为不可能，亦即说，任何课程，也不能完全避免先“知其然”，后“知其所以然”的程序。既然如此，何不整个课程体系，一律彻底地改为先知其然，后知其所以然，亦即先习而后学？

（3）课程内先修的原则，如是先学后习，即先从“所以然”而至“知其然”，则这“所以然”的范围，是如何规定的呢？以数学来说，如认微积分是一切工程“所以然”的一个来历，成了先修，然而工程日益进步，所需高等数学的帮助也日多，以无线电来说，除了微积分、微分方程而外，还需要其他更多更深的数学，难道这许多数学，也都是先修吗？如说那些高深数学，用得不多，不必先修，然则微积分就是一切工程同样的、同等程度的所必须先修的吗？再以物理学来说，一般说来，其内容里“所以然”的成分，远不及“知其然”的多，倘若通通要“知其然”，而且都认为是先修，那么这整个工程系的四年，也不够用，而且这工程系，成为物理系了。若说工程系的先修物理，有其一定的范围，那么这个范围，与高中的物理，对于工程需要说来，所差有多少呢？（如就桥梁来说，高中物理，固然不够，大学物理里的“所以然”，同样也太少。）然则为何大学物理，一定要是一切工程课目的先修呢？（它应当是必修，是无问题的。）

（4）任何课程，对于学生的作用，不外两种，一是为了指出未来课程的来历，一是为了说明过去课程的用途。前面一种课程的性质，可能是理论性或实践性的，而后面一种，则必然是实践性的。如两种相关的课程，都是实践性的，来历课程，应先于应用课程，是完全必要的。然若一种是理论性，一种是实践性，而彼此互有关联，则应将哪种课程排列在前呢？过去的说法，是学生对于任何课程，必须先知其来历，方能接受。而所谓来历，即是指理论，尤其是数学性的理论。譬如有数学公式的课程，必须先了解此公式在数理方面的来历，这课程方被接受。然而，反过来看，倘若学生先明了此公式在工程上的用途，能够立即试验，立即发挥其效用，他是否因不知其数理的来历而拒绝使用，是否因能够使用的关系，使他对此公式发生兴趣，增强信心，因而更迫切地想知其理论上的来历？将来一旦知其来历，所得的印象，是否比先学来历后习应用更为深刻？

（5）在旧教育里，为了使学生明了工程上的科学应用，因而先灌输科学理论，其理由是必须先知理论的来历，然后方能应用此理论，但每一应用科学之理论，其来历上更有来历，如欲穷原竟委，便须在理论课程上多费时间，因而应用课程只可在最后学。但科学技术，日新月异，以今日已知之技术进度，而于今后一两年内学其理论，迨理论既通，而应用方法早已大变,则新方法之来历,岂非依然不晓!何不先习新方法之技术,然后再学其理论,与其以应用迁就理论,何不以理论去迎合应用?

(6)理论课与实践课的内容,倘能妥善地预为规定,不受其先后排列的影响,则两种课目先后次序,仅是学习效率问题而已,尚无大关系。然若因为先后的次序不同,而影响到课程的内容,则排列方法,便成为基本性质的问题了。在工程教育里,理论课的范围是相当广阔的,但实践课因为专门化的关系,必然是范围狭仄的。同时理论课的内容,多属原则性,是比较固定的,而实践课的内容,为了要适应技术进步,是必然时常变化的。以一个广阔的、固定的理论课,来配合一个狭仄的、变化的实践课,其排列方法,当然应是先规定实践课的内容,再求理论课的配合,亦即实践在前,理论在后。

(7)按照上述原则,全部课程,即可分为实践性和理论性的两部分。而在程序上,一律实践在前,理论在后。然而是否所有的实践课都在前,所有的理论课都在后呢?是否应在一、二年级全习实践课,三、四年级全学理论课呢?这样的区分,有两个问题:第一,对于相关的实践课和理论课,学习时间,不宜相隔太久,以免失去联系。第二,每种实践课,必须通晓其相关理论,方能牢固掌握。必须掌握了初级的实践课,方能进修高级的实践课。为了解决这两个问题,全部四年的课程,应当分成几个阶段,每个阶段里,都有实践和理论的课程,这些课程,也都是实践在前,理论在后。像这样安排的课程,在每个阶段里,都是先习后学,上升到更高的阶段里,再习再学,循环往复,螺旋前进,必可将理论的水平提高,实践的范围扩大。

(8)课程之排列原则,应当是:①从简单到复杂;②从具体到抽象;③从现在到过去或未来。简言之,即是应从感性到理性。不但全部课程如此,每个阶段的课程,甚至每一课程的内容,也都应用同一法则,都是从感性到理性,再从较低理性到较高感性,由浅入深,由外而内,从片段到整体,从外表到内核,由具体至抽象,再具体再抽象,亦即是先习后学,再习再学。然而旧教育的课程,即不如此,其标准是从理性到感性,而且往往是从高级理性到初级感性。专门课程,虽是简单,排列在后(如第四年级的钢架屋顶设计),理论课程,虽是复杂,而排列在前(如第一年级的微积分),先后程序,不以深浅为前提,极清楚地暴露了先学后习的病症。

(9)旧教育先学理论,后用于实际,其主要理由,是将来所能接触的实际,都要受某些"基本"理论的支配,有了这些基本理论,便可应用于无穷。然而如何能在各种理论里,将所谓基本的挑选出来,根本上还是看将来实际的需要。譬如微积分课目，一般的看法，都认为是最基本的了，然而就实际来说，它对某些工程是太浅，对某些工程又太深了。因此无论如何强调理论的基本化，其结果在实际应用的时候，所学的理论，不是嫌多，就是太少，换句话说，就是很难与实际密切地配合。然而，倒转过来，先习实际，再学理论，以理论的内容，去凑合实际需要，实际既是生产任务所必经，而非理论基本化之主观愿望，则由此所学得的理论，当然是最充分而又最有用的了。

（10）旧教育认为教育如种树（所谓十年树木，百年树人），先有根株，然后有枝叶，最后开花结果。根株好似纯粹科学，枝叶好似应用科学，花果才是所要收获的专门技术。因此要花果，便只好先从根株起，而纯粹科学，成为专门技术的基本。但从先习后学，再习再学的看法，则教育如种豆，豆发了芽，生豆，豆再发芽，再生豆，新豆胜过旧豆。这里的豆，好似技术，芽好似理论，先有了实际经验，再去学抽象理论，然后再从事更好的技术，再发展到更高的理论。像这样实际到理论，理论到实际，无穷地向上发展，应当是教育更好的原则。

由此可见，工程教育里的课程排列，从学习效果及将来需要言，应当是实践性的课目在前，理论性的课目在后。而且全部课程，应按程度深浅，分成若干阶段，每个阶段内，都应先实践后理论。因此实践课目,随阶段上升而趋于复杂,理论课目,则随阶段上升而趋于高深。亦即先感性,后理性,再感性,再理性,从课程里发挥出先习后学的精神。这样的课程,不但是工程教育应有的课程,而且,很巧合地,同时解决了工程教育里的三大问题:①学生实习的困难;②为工农开门的障碍;③专修科的存废。

(一)实习问题。在上文里,业务性质的专门课程,名为实践性的课目,即因这些课程必须有实习之故。然而旧教育里的实习,是有极大困难的:(1)所定课程,由基本理论,到应用科学,再到专业课目,完全依照理论上的发展,自成一套系统,是由内而外,由抽象而具体的。但现场的实习作业,是不可避免地由外而内,由具体而抽象的另一套系统。这两套系统,是反向逆流的。因此第一年级读完普通基本理论的学生,去到工厂里做"认识"实习,这认识与他的基本,有什么关系?第二年级读完普通应用科学的学生,去到工厂做"专业"实习,他的应用理论,对于专业,能起何种作用?第三年级读完一部分专业课的学生,去到工厂做"生产"实习,他这一部分的专业,就适巧是那工厂里的生产吗?如果那工厂的生产,是要在第四年级讲授,不就成了先实习后理论了吗?(2)学校里所谓理论,多半是指以数学为骨干的理论,因而也就是原则性的理论。(受了通才训练的影响。)但工厂里所谓实际，多半是指有高度效率的生产，因而就是狭隘精深的具体实际。学生在实习时，所看到、感到和领略到的实际，与他所学到的便不相谋，大小不投，深浅不合，甚至有些矛盾，于是在他短短的实习期中，所得的只不过是些模糊概念而已，反而妨害了理论与实际的结合。（3）原则上讲，理论修学是应与实习同时进行的，但事实上不能不有先后。学校的看法是理论在前，实习在后，基本理论在前，应用理论在后，因此三者之中，实习便不得不在最后。但同时又觉“认识”实习，可帮助学生选系，并使他很早地具有劳动观念、劳动态度，了解劳动条件、劳动纪律，因此实习便应排在最前。这种矛盾思想，如何解决呢？以上这些困难所以发生的原因，便是由于先学后习的制度。在这制度里，学生实习是应在毕业以后去做的。那里对于业务课的进行，是将各种性质相近的生产工具，从里面分析出若干有代表性及共同性的个体单位，进行教学，学生了解之后，必须等到将来，在现场工作时，将各单位综合组织起来，方能了解生产工具的全面和整体。倘若改用先习后学的方法，学生便应先往工厂实习，然后再学相关理论，先认识生产工具的全面和整体及与其他生产部门的关系，连带地了解到生产任务的性质和劳动条件，然后逐步地从外而内，从全盘到局部，来学习各组成单位的内容。实习与理论，同样地按照程序，由简而繁，由具体到抽象，实习过程,配合到工厂的生产,这实习的困难,不是迎刃而解了吗?

(二)为工农开门问题。旧教育是从未为工农干部开门的。纵然表面上并未关门,而实际上,那门是开在山上,高不可攀的。因为在先学后习的制度里,理论课在前,业务课在后,微积分是较难的,放在第一学期,桥梁建筑(举例)是较易的,倒可能放在最末学期,工人出身的技术干部,对于桥梁建筑,不觉可畏,但微积分对他是一道墙,有道墙堵住大门,这位工人,还能进门吗?这门不是开在山上吗?除了微积分,此外还有许多高的矮的墙,他必须在两年内,先通过这许多墙,方能在第三年内遇到对他亲热的东西,业务课。像这样的制度,如何能吸收工人干部呢?但在先习后学的制度里,上面提到的桥梁建筑和微积分,彼此换了位,业务课在前,理论课在后,而且一切课程,都是由浅入深(工农观点),这门前不是没有墙了吗?工人干部不是真正地可以进了门吗?他们既有实际经验,同时便也有了相关的理论(定性而非定量的),在他们原有理论基础上,更从实际出发,在具体的事物里继续发挥,在实践中求理论,他们的程度,是可越提越高的。因此他们在进门之后,先习后学,便毫无障碍了。

(三)专修科问题。专修科的设置,是为了速成教育,亦即要在最短期内,训练出最大量的人才。这些人才,程度是要高等的,性质是要专精的,但受教时间是要很短的。因此发生了许多问题:(1)课程如何拟定。程度既是高等,课程的内容,便应与“本科”(指四年毕业的正规生)无别,然而本科的专业课,都是在三、四年级,倘若提前,则基本理论课无时讲授,倘减少理论课,则又影响其程度。(2)实习无法安排。本科学生的实习,是在暑假进行的,然而专修科两年毕业,只有一个暑假,这实习如何能做好。(3)年限过于短促。专修科并非“高职”,亦非大学的缩小,而是大学的一个竖的片段。即是专修某一类的专门,而这类专门的课程,其首尾是应与本科相同的。然而为了先理论后实践的关系,欲求这首尾齐全,年限即感不足。以上这些问题的发生,主要是由于先学后习的制度,并因在这制度里,大学必须四年毕业,不能中途出校,方有专修科的产生。然而在先习后学的制度里,全部课程,是按照程度深浅,分成若干阶段的,每个阶段的课程,都是先习而后学,因为习是要有对象,而现场里的对象必是限于一种性质一种程度的整体,故每一阶段训练的完成,即是培养了与此阶段适应的人才,因之亦即是能担负相当任务的人才。这人才的能力,随阶段上升而增强,学生不等毕业,可在任何一年终了时,或出校服务,或继续升学,于是前三年的学习,即无异于一年制、二年制或三年制的专修科。譬如爬山,学而习的制度,是四年爬一座大山,在半山中无法下地。而在习而学的制度内,是四年爬四座小山,每年可另爬一山,或不爬山而下地服务。

上面第一个问题解决了,学生的理论,必可与实际一致,因而训练成很好的建设人才。第二个问题解决了,技术干部的数量,一定大增,因而就可有很多的建设人才。第三个问题解决了,学生可视国家需要,于任何一年终了时,出校服务,因而就有速成的建设人才。倘有任何一种教育制度,它能很快地造就很多很好的建设人才,这制度不正是我们国家所急切需要的吗?不正是中央教育部所强调指出的为国家建设服务又为工农开门的教育吗?这种新教育如何能产生呢?可能它就是产生于一种新的学习方法,先习而后学的方法!这方法解决的是学习问题里的一个症结,而在过去,是不甚为人注意的一个症结,然而就因这症结的解决,就可唤起旧教育制度的改革和新教育的产生,像这样症结的学习问题,在工程教育中,该是极端重要的问题了。

本文所提出的“习而学的工程教育”的制度,内容包括甚广,本文所提出的学习方法,仅是其中的一小部分。该建议已印成小册子,读者有愿知其详者,请向北京北方交通大学校部函索。

原载1951年9月《自然科学》第1卷第4期

对“关于科学体制问题的意见”的意见

科学体制问题主要是各科学研究机构和高等学校的分工问题,必须分工明确才能协调地进行工作。现在我国科学研究工作系统是由中国科学院、高等学校、产业部门的研究机构和地方研究机构四个方面组成的。应当就这四个方面,把工作任务具体明确起来,才能研究出一个合理的体制。我认为在“意见”中提出来的四个方面的任务是很不明确的。

(1)如就“基础理论”来说,科学院注意的是“重大科学基础理论”,高等学校注意的是“基础科学”,产业部门研究机构要进行科学总结“来发展和丰富科学理论”。然而,怎样的理论才是基础?今天不是,明天会不会提升?不是基础的理论,科学院做不做?产业部门研究机构发展出来的理论,如竟有基础性质,是否停下不做?什么科学算是重大,高等学校的基础科学,算不算大?

（2）如就研究中心来说，科学院是“全国学术领导中心”，高等学校是几门或一门科学领域内的“全国科学研究中心或中心之一”，产业部门研究机构在有关科学技术领域内，应努力使自己成为“全国研究中心”。究竟全国领导中心和全国研究中心的区别何在，有何关系？

（3）如就科学领域来说，科学院是“突破阵地，开拓新的科学领域”，高等学校是在“某几门或某一门科学领域内”成为中心或中心之一，产业部门研究机构是“在有关的科学技术领域”内成为中心，所谓“某几门”及有关的“领域”，如果也是“新的”，是否都送往科学院？

（4）如就新技术来说，科学院注意“世界最新技术”，高等学校注意“当前生产实践中的科学问题”，产业部门研究机构“使科学的新成果引用到生产中去”，所谓实践中科学问题及科学新成果，如果也就是世界最新技术，是否也全送科学院？

（5）如就综合性科学问题来说，科学院注意“综合性的科学问题”，高等学校在“某几门科学领域内”成为研究中心，产业部门研究机构“结合生产需要，解决较专门的问题”，如果某几门的科学的研究或生产中需要的较专门问题，也都构成综合性的科学问题，是否也都送往科学院？以上这些问题，不但科学院的任务与高等学校及其他研究机构的不易划分，而且高等学校与产业部门研究机构彼此之间也很易混淆。

至于地方研究机构的任务是“开展地方性的科学研究工作”，但地方性的问题也可能是重大科学的基础理论问题，或综合性的科学问题，或生产实践中的科学问题，或生产需要的较专门问题，因而也就与科学院、高等学校及产业部门研究机构的任务不易区别了。

我认为应当就科学研究工作的内容和各方面的实际需要来确定研究系统中各方面的任务，并且应当用具体的而非抽象的说明，来了解各方面的合理分工。附上我在科学院学部大会上的关于科学体制的发言稿一份，作为我对这个问题的意见，以供参考。

1957 年 6 月 10 日

先掌握技术后学基础理论是错误的吗

——对《科学技术工作的基本训练》一文的商榷

《光明日报》在本月10日登载了《科学技术工作的基本训练》一文，这是我们科学技术界的一件大事，因为它对我们学校中的教学改革是会有很大影响的。我个人尤其欢迎这篇文章的发表，因为它是非常富有科学性和思想性的，读了使我得到很大启发。启发何在呢？自从1950年4月我在《光明日报》上发表过一篇《习而学的工程教育》以来，我经常不断地在报上和会议中，重复提出这个主张，并且把这个主张简化为一个公式——“实践—理论—实践”，一句话——“专业基础上理论化”。但是，这样多年来，除了《光明日报》上因我写过一篇关于业余教育的文章牵涉到这个问题，发表过一篇反驳的文章（见《新华》半月刊，1957年第5、第7两期）而外，据我所知，就再没有其他同意或不同意的文章了，我为此一向有“孤掌难鸣”之感。现在好了，有了这篇文章，而文章中的许多论点又是和我的论点针锋相对的;下棋遇到对手,是最令人高兴的,在对手的棋法中,必然会学习到很多东西,这不是很大的启发吗?

为了简化起见,这篇《科学技术工作的基本训练》的文章,以下简称为“原文”。

首先,我承认“原文”有很大的代表性;可以说,凡是科学技术工作者,根据切身经验,都会有相同或相似的观点。这就是:在科技工作的基本训练中,理论课是基础,应当先学,专业课是技术,应当后学。如果允许我把这个论点简化为一个公式,那就是“理论—实践—理论”,简化为一句话,那就是“理论基础上专业化”。如上所说,我个人主张,是和这恰恰相反的。在上面提到的那篇反驳我的文章中说:“从哲学上来说,认识过程一般地是由具体到抽象,从感性知识到理性知识,从实践到认识,再从认识到实践。但是,教育内容顺序的排列和教育方法的运用,就不应机械套用这种公式”,因为课程顺序按照从抽象到具体的排列是教育上的“客观规律”,是“数千年来学习的经验证明的”。由于过去学习经验竟然形成了“客观规律”,因而教育内容就不能“机械套用”哲学上的认识公式,这恐怕也就是“原文”中的重要论点而会有很广泛的代表性的。

不错,我所主张的“专业基础上理论化”的学习程序正是根据哲学上的认识公式，也就是“实践—理论—实践”的公式而来的。如果它是和教育上的“客观规律”相矛盾的话，那就要研究为什么教育上会形成一个和哲学认识论相抵触的“客观规律”。

“原文”第一段里说：“实践并不是取得知识的唯一方法，我们还可以学习前人和他人实践的总结，来加速取得知识。”第二段里说：“学习前人主要靠读书，在学校里学习就是继承前人的经验。”学习本来包括“学”与“习”两个内容，学指理论，习指实践，在旧社会里，一向认为学在前而习在后，所以《论语》里的“学而时习之”，用的就是“理论—实践—理论”的公式，而这的确是“数千年来学习的经验证明的”。人类的知识是历代累积下来的，学习首先就要继承前人的经验，而不可能要亲身实践才相信，这是毫无问题的。比如有关地理、历史的知识，几乎全部就都是从书本中得来的。但这是不是说，所有人类已有的知识都应当先学而后习，而只有发现新知识，才要从总结经验开始，然后上升到理论呢？是不是哲学上的认识论，指的只是认识前人所未有的知识，而不包括自己所没有的知识呢？如果说，学习就是为了增进自己的知识，不管这知识是前人已有或未有的，那么，这就要看用什么方法才能加速取得这种知识，并且使所取得的知识得到巩固。这里倒是有个教育上的“客观规律”的，那就是：“由浅入深”,“由知其然到知其所以然”。所谓“浅”,所谓“然”,应当就是感性知识;所谓“深”,所谓“所以然”,应当就是理性知识。我们不应当狭义地解释“感性”为当时当地的亲身感受,而应包括过去的经验在内。读书时读到两句话,一句是有自己经验为基础的,那就了解较深,一句是没有的,那就概念模糊,但这两句话同样不是在当时当地亲身感受到的。因此,为了提高学习效率,应当把哲学上的认识论也当作是教育上的客观规律,学习的程序也应当是“实践—理论—实践”的公式。这个公式的含义就是《实践论》所归纳的:“实践、认识、再实践、再认识,这种形式,循环往复以至无穷,而实践和认识之每一循环的内容,都比较地进到了高一级的程度。”在小学时应当有一个循环,在中学、大学时应当有较高级的循环。现在的教育都要同生产劳动相结合,也就是要理论结合实际,那么,从小学到大学,为什么不能实现每个阶段的先实践后理论的结合,而要把大学第一年的理论和中学最后一年的实践相结合呢?

“原文”第三段里提到基础课与专业课的关系,所谓基础课就是一般所了解的基础理论课,专业课就是专业技术课。仅仅从这两个名词来看,现在一般就都认为理论是“基础”,技术是“高楼”,必须先打基础,才能后起高楼。但是,为什么理论是基础,而技术是在理论上造起的高楼呢?这就是把科学当作理论，技术是科学的应用，科学既然在前，应用就必然在后了。这就是在认识自然的基础上，发挥主观能动性，来改造自然，来造起高楼。这就是科学所以能指导生产的原因。但是，教育是为生产服务的，不是指导生产的。恰恰相反，生产（包括物质与精神）是要指导教育的，是要向教育提出要求的，要求培养出“有社会主义觉悟的有文化的劳动者”。既然是要有文化的劳动者，那么，文化和劳动，究竟谁是教育的基础，谁是高楼呢？到底是理论还是实践是学习的基础呢？至少应当说是互为基础，就是在实践和认识往复循环时，在这一时实践是基础，在那一时理论是基础，而不应当把基础的美名完全归之于理论。更正确地说，应当是“理论的基础是实践，又转过来为实践服务”（《实践论》）。基础理论这个名词定出理论的性质，那是对的，基础理论这个名词，贬低了实践的作用，那就不对了。因此，我建议：基础课与专业课这一对名词，应该改为理论课与专业课。理论课里当然会提到专业，专业课里也必然要谈些理论，而且理论要很好地和实际结合，但这两种课应当各有其主要的内容。

“原文”第四段末尾说：“所以把基础课并入专业课是与科学发展的过程相反的。”就是说，教育制度应当和科学发展过程相一致，这点本来是对的，但还不是根本所在，根本是社会制度的经济基础；所有教育制度、科学发展方法等都是上层建筑，上层建筑都要由经济基础来决定，它们彼此之间就必然会相互一致了。封建时代有封建的教育制度，如中国的科举。资本主义兴起后，有了新式的学校制度，它的特点是“为教育而教育”，因为教育与生产属于两个主人，只好各行其是，于是：(a)学生不事生产，专门读书，成为一个特殊的学生阶层。(b)不能长此脱产，学生受教育就有了一定限期，不论所读何书，不论学习情况，一概几年毕业，毕了学业之业，而开始谋生之业（英文中，大学毕业这天，叫作“始业日”）。(c)为了谋生便利，学校课程以培养通才为目的，多讲应用最广的理论，少学前途未定的专业。(d)因为重视理论，脱离实际，学生要到毕业后才有生产实践的机会，在谋生中还要补课，因而它的学习公式就是“理论—实践—理论”。(e)其结果，学校，特别是大学，成为世外桃源，工农子弟望尘莫及，把整个教育制度形成一座“宝塔结构”，小学生最多，中学生较少，大学生更少，形成高不可攀的“宝塔尖”。同样，科学发展的过程，也是由社会制度来决定的。近代的自然科学是怎样兴起来的呢？是在资本主义社会里，由教授、学者等上层知识分子（工农群众是没有份的），在学校里，在学会里（不是在工厂里或农场上），“为科学而科学”逐步发展起来的。科学虽然是生产经验的总结，但教授、学者们却无生产经验，只能从书本中把经验当作理论继承下来，然后从这理论出发，进行研究,因为他们的科学工作方式是"理论—实践—理论"。其结果就是现在通行的,我所谓"学科系统化"的专门科学。因此,"原文"的这段里说:"今天的每一个基础学科比起早先的自然哲学有更强的系统性,更精炼了,更概括了。"第五段里说:"基础学科也就因为它比较概括,内容也就比较深入地表达了自然世界的规律;概括是说其普遍性,深入是说接触到本质。"他所谓的系统、精炼、概括,都是从学科角度出发的,也就是从物质运动的形态出发的,因而所谓普遍,就是同一种物质运动形态可以发现于多种的生产活动,即专业技术之中,所谓本质就是物质运动形态的本质,而非物质运动的作用的本质,因为学科是按物质运动的形态来分,而非按物质运动的作用来分的,比如同是分子振动而形成的波的作用,在电学里就有电波,在光学里有光波,在声学里有声波。如果按照物质运动的作用来划分自然界的知识,那么,这些作用就表现在改造自然的生产技术之中,自然界的知识就可按照不同于学科系统的另一种系统来划分,而形成我所谓的"生产系统化"的专业科学。这种专业科学的发展过程是"实践—理论—实践"。自然界的知识当然只有一个,但如何扩大知识,如何划分知识,就可有按照学科或生产的两种不同系统的方法,而使自然科学以两种不同的形式出现,一是专门科学,一是专业科学。专业科学是要在生产现场中,而不是在学校中，调查研究发展起来的，参加发展专业科学的人，除了教授学者，还有工农群众，因而专业科学应当是社会主义制度下的产物，就同专门科学产生于资本主义社会中一样。在我们社会主义国家，我认为专门科学与专业科学应当同时发展，配套成龙。如果说，先学基础课后学专业课的教育制度是和专门科学的发展相适应的，那么，先学专业课，后学理论课，按照“实践—理论—实践”公式发展起来的教育制度，岂不是更加和社会主义制度下的科学发展相适应吗？我们的科学发展方法和教育制度一定要和我们的经济基础相适应，专业科学是一种可以建立的自然科学的形式，先学专业课，后学理论课，是一种可以建立的教育制度。

“原文”第五段末尾说：“不掌握好基础课，不先掌握好自然的一般规律和自然现象的共性，就难于应付变化很快的专业科学技术；先有一个不大变化的坚固基础，就好在这上面随着需要建起强大的结构。”先弄清楚怎样叫自然的一般规律，怎样叫自然现象的共性。如果要“一般于”所有的科学技术工作者，那么，如同“物质不灭”“能量守恒”等规律，确是应当首先学习的自然现象的共性，因为这都是起码的科学知识，应当在小学或中学的“实践—理论”的初级循环里，很早就解决了。如果说要为各种不同的专业技术，每种都求出其一般的规律和现象的共性，那么，这个一般或共性就应当有其一定的范围和限制。不能说“学了数理化,走遍天下都不怕”,因为数理化的内容,每种都是浩如烟海的,你的一行该学多少,我的一行该学多少呢?最好的例子莫如“原文”第七段中所述作者自己的经验。他因为搞高速飞行问题,感到以前在旧上海交通大学所学的基础课,内容比较贫乏,“基础不行”,才又补学了数学分析、偏微分方程、积分方程、原子物理、量子力学、统计力学、相对论、分子结构、量子化学等,一连串的基础课!不要说旧上海交通大学不可能开这样多的基础课,就是今天的上海交通大学能不能全开,也可能是成问题的。再说一下,假如旧上海交通大学倒是开了那么多的基础课的,但是作者后来搞的不是高速飞行问题,而是什么别的尖端技术问题,这个问题又需要一些其他基础课,那么,作者不是一样还要再补些课吗?既然总是要补,索性等到搞尖端问题时再补,不是更切合实际吗?因此,如果专业未定,而先要学基础理论课,这个理论课的范围是非常难于决定的,因为不知要“一般”到多大范围,“共性”到何等程度。这正是“理论基础上专业化”的教育制度的一个关键性问题。如果说,先把专业定下来,再学理论,那不就成了我所说的“专业基础上理论化”的教育制度吗?我主张先学技术课后学理论课,就是“先知其然,后知其所以然”,先习其所当习,后学其所当学。这样说来,技术课就成为基础,而理论课就是上面的高楼了。但是,理论上面还有更高级的实践,第一层楼的结构,又成为第二层楼的基础,因为实践和理论是应当互为基础、互为结构的。至于说到专业科学技术是变化很快的而基础理论是不大变化的,这个基础是稳定坚固的,那么就要看所谓理论究竟包含些什么东西。我认为科学理论至少有两个内容:一是自然界的客观规律;一是自然规律之间的内部联系,也就是规律的系统化。客观规律是不变的,是稳定坚固的,但规律如何应用于专业技术,哪些要,哪些不要,哪些在前,哪些在后,才能指导生产,那么,这个系统化工作就要随着技术革新和技术革命的日新月异,而跟着起变化了。这就是我所主张的专业科学的形成过程。专业科学应当是发展得很快的。"原文"中所谓"不大变化的坚固基础"指的是基础学科的理论,在学科里,自然规律是按照学科要求而系统化起来的,这种系统化的变动,确是比较少的,是可以上百年而不变的。但是,几个学科"杂交",就产生新学科,学科发展的变化也仍然是很快的。不能因为学科系统化的基础理论比较稳定,就指作专业技术的坚固基础,因为专业技术所迫切需要的科学理论是与它直接有关的自然规律和这些规律在本专业生产中的内部联系,即规律的生产系统化。学科系统不论如何稳定,对于解决生产系统中的技术问题,总不是那么直接的。

“原文”第六段里说:基础课和专业课,“本来是两种不同性质的东西,不同味道的菜,混在一起吃”,“不能都学好”,“就是造房子也是先打基础,后起高楼,没有基础和房子一起建的道理”。基础课和专业课,一是为了理论,一是为了实践,是两种不同性质的东西,但有联系,而且不能绝对化,就是说,理论课里也可提到专业,而专业课也不妨涉及理论。虽然“味道不同”,但也不妨“混在一起吃”。现在通行的所谓“边学边干”,不就是“混在一起吃”吗?既可调剂口味,又可配合营养,还可消化得快些,有什么不好呢?而且所谓混在一起,也还是有先后次序的,边干边学总是先干后学(对的),或先学后干(不对的)。问题是不论分开吃或混着吃,主要看哪种方法可使学习多快好省,这就要看实践的结果了。造高楼当然由下而上,如同学习的由浅入深,但如下层就是上层的基础,那么,在“装配式”结构里,倒是有上下层同时施工的。

“原文”第八段里提到对于基础学科知识和专业知识要往返循环学习,打几个回合,愈打愈深,确是经验之谈。本来这就是《实践论》里指出的“认识的深化的运动”。不过这个运动应当是唯物的而且辩证的,应当是“由感性认识到理性认识的推移的运动”。在打每个回合时,不是先打出“基础”,然后回到专业,而是先打出专业,然后再回到理论,个个回合如此，“螺旋上升”，“实践、认识、再实践、再认识，这种形式，循环往复以至无穷”（《实践论》）。

“原文”第九段中提到“科学技术工作者也要像工人一样地讲究手艺”，“必须首先有良好的科学工作习惯”。如果先学理论课，后学专业课，那么，这个手艺，这个习惯，就只好从实验室里首先养成了，而这比起生产实践中一个工人的手艺和习惯，就差得很远了，因为环境的要求不同。但是，先学专业课，并在这个专业的生产现场中劳动锻炼，然后再学理论课，这不是可以更早地讲究手艺，更巩固地养成工作习惯吗？有一本书叫《粉墨春秋》，是盖叫天先生的艺术经验谈话记录，讲的是京剧演员的基本训练，很值得一看，我读了深受感动并增强了我对教育的主张的信念。从方式方法上来讲，一个科学技术工作者的基本训练是应当和一个京剧演员的基本训练相同的（“原文”第十五段中也提到“要演好戏，不练功是不行的”），和任何其他一种职业的基本训练相同的，其中最普遍、最基本的一条原则就是：“理性认识依赖于感性认识”，而“认识有待于深化”（《实践论》）。

“原文”第十段中说：“养成这种（推理要锐利）能力的基础是基础学科，我们是运用基础学科的原理来判断事物。”这里又要谈到自然规律和规律的系统化问题。所有“基础”学科都是按学科系统来排列自然规律的，熟悉于某一学科的系统，当然就会判断有关这一学科的事物，但是如果遇到一种事物，牵涉到许多不同的学科，比如某一生产中的理论问题，那么，光凭一个人的能力就不够了，就要集合所有有关这一生产问题而分属于各学科的人来共同解决了。只有熟悉于某一种生产中所需自然规律的系统的人，才能敏捷地根据生产原理来判断这种生产中的事物。

"原文"第十五段中说："但我们在高等院校里学习是继承前人的创造，而不是复演历史，那就得反过来做，先讲基本训练，而后讲专业知识。"这里所谓基本训练包括"基础"知识和一整套科学技术工作的操作方法和习惯，也就是包括理论与实践。在高等院校里，先讲基本训练，即先讲"基础"知识和操作方法，这本来是可以的，而且这正是我们高等院校的传统。但是，如果说，先讲专业技术，先来实践，然后再讲基础理论，这就不是继承前人创造，而是复演历史；这，我就想不通了。同是一个理论课，同是一个专业课，如果先讲理论，那就不是复演历史，先讲专业，那就是复演历史，这是什么道理呢？如果说是复演历史的话，那么，先来专业实践，后来基础理论，只能说是"复演"科学产生的"历史规律"，即"生产出科学"，而不是复演已有的科学理论的产生过程。正如"原文"这段中接着所说，"人们创造的过程和学校里的学习是不该混淆的"，学习总是继承前人的创造，而不是复演历史的。

但是，不论创造或学习，“理性认识依赖于感性认识，感性认识有待于发展到理性认识”(《实践论》)的辩证唯物论的认识论，总是颠扑不破的。按照这个认识论，就得把先学理论、后学专业的传统的学习方法，反过来做，“先掌握技术，后学基础理论”！

“原文”第十五段最后说：“因此，什么先掌握技术后学基础理论……等说法，那都是错误的。”真的是错误的吗？

1961 年 6 月 14 日

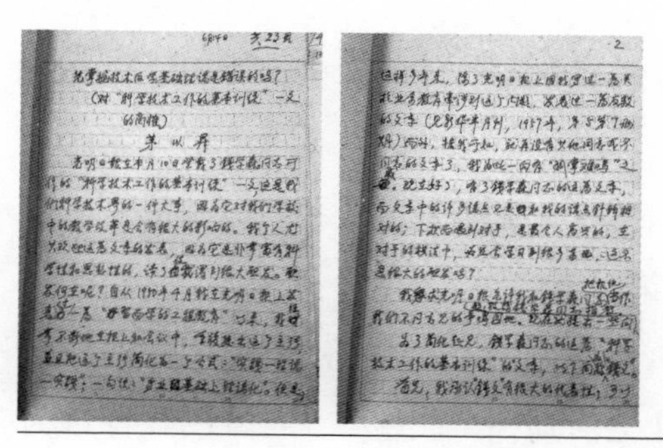

先掌握技术后学基础理论是错误的吗

建议一个为社会主义服务的教育制度

教育制度是经济基础的上层建筑。它总是为阶级利益服务的。从一个国家的教育制度,就可看出这个国家的经济基础,同时,也可看出这个国家的一些特点。优越的社会制度应当产生优越的教育制度。在我们社会主义国家,就应当产生先进的、为生产服务的教育制度。这个制度应当是怎样的呢?它当然不同于资本主义的教育制度。如果我们把资本主义国家的教育制度分析一下,同时考虑到我们这样一个人口众多,一穷二白,但资源丰富的大国,就可看出他们的这种制度,确实不是我们所该采取的制度。我们的制度应当贯彻我们自己的方针政策。

在资本主义国家,由于私有制的经济基础,生产和教育是两种对立平行的社会活动,各有主人,各有目的,各自为政,各成系统,尽管它们的总目标是一致的,那就是为资本主义服务。这样，他们的教育制度中，就发展出一种传统的"学校形式"的组织。以美国为例，其特点如下：

(1)学校是个集中读书的地方，在中学和大学，更是一大群专门读书的人的生活场所。它有教室、实验室、图书馆、宿舍、餐厅、医院等一整套的教学和生活的建筑和设备，在大学里更是一应俱全，形成一种世外桃源。在这里，生活是为了教学，时间可以统一支配，因而创造出一种最经济的教学方法。这就是：学习是分班集体进行的，同一班的人，读同样的书，有同样的水平，求同样的进度。每班有规定的名额，每人有规定的年龄。学业按年分级，年终考试，及格者升班，不及格者留级。年与年之间，用暑假分段，除了很长的暑假外，还有寒假、春假、星期假等。这种"学校形式"地造就人才就像"工厂形式"地大批生产一样，用同样的原料，经过同样的工序，在同样的时间内，生产出同样的成品。不论是对儿童的启蒙教育，或对青少年的成人教育，不分地域，不问时代，都用这样机械的"流水作业法"，岂非以人作物，树人还不如树木吗？

(2)由于全部时间都在学校读书，这样读书的人就不能兼做任何其他工作，更不能从事生产业务，成为脱离生产而以读书为职业的特殊阶层，名为"学生"。要当学生，就要有人担负他的生活费和学费，而且还要有各种条件，能够无拘束地长期读书,不中断,不半途而废,总能跟得上班。他们多半出身于资产阶级,认为不事生产而能专门读书是很光荣的,并且付学费、得学位,将来可赚高薪,还是一笔好生意。这就养成了他们轻视劳动的习惯。资产阶级总认为劳心应当与劳力分离,脑力劳动与体力劳动的差别,应当永远保存。

(3)但是,一个人,除非是儿童,所能享受的不生产而读书的权利,是必然要受到限制的,因而学校里就有许多人为的规定。

(A)把正规的学校分为三等:小学、中学、大学,每等还分为两级,初小与高小,初中与高中,大学的预科与本科(如医学)。

(B)每等每级有一定的修业年限,每级每年有一定的程度标准。究竟这些标准是如何定出来的,大学毕业时的水平,为什么就是最高的读书水平,再以后才能做研究工作,是无人能解答的。

(C)把书本考试当作测验学业的唯一方法,月有月考,年有年考,入学要考,升级要考,毕业要考。层层考试,重重难关。

(D)凭考入学,按年升班。必须小学毕业,才能考初中,高中毕业,才能考大学,每一年不把书读完并且考试及格,不能升班。不到毕业,而因病因事中途退学的,就算前功尽弃。

只有少数幸运的学生能够无间断地从小学读到大学毕业,“连升三级”,得到“正途出身”。因此,有条件做到大学生,好像是“高贵”可喜的,然而这十六七年中要过种种学生“关”,也就够苦的了(爱因斯坦在瑞士工学院的入学考试,就没有及格)。

(4)学校是个小天地,各有各的传统和校风,往往闭门造车,自订一套规章和课程,把学生当作“试验品”,不受其他方面的牵制。学生是受教育而来,学校是为施教而设,大家都是“为教育而教育”,于是走上一条最容易走的道路,这就是重理论、轻实践的道路。学生在校,终年和书本打交道,读的是书,考的是书,很少同外界接触,谈不到结合生产。每个学生都要到毕业以后,参加工作,才有亲身实践的机会。课程中虽有实验和实习,但那都是在教育本身环境中,而非在生产现场的环境中。这样,学生的“学”是在毕业以前,“用”是在毕业以后,要到“毕业(学业)”时才“始业(职业)”。毕业前简直不用,毕业后很少能学。但是,从学到用的许多年时间内,外界已经发生了不少变化,这学和用如何能一致呢?因此,大学就以打下理论基础,一切为了造就“通才”为目的,而美其名曰“基本训练”。究竟一个人的训练,应当仅仅以理论为基本,还是以理论结合实践为基本呢?到底只是“根深而后叶茂”,还是同时也可“叶茂而后根深”呢?

(5)以上是讲大学毕业生,至于中小学毕业生呢,那么,一般的情况,就都是为了升学。小学毕业,就希望升中学,中学毕业就希望升大学。所有学校里的课程、训练、设施以及努力方向,都是为了这个目标。但是,小学毕业的人并不能全部升中学,中学毕业的人更不能全部升大学。凡是不能升学的人,也就是失学的人,便如何办呢,那就只好各谋出路,或是找工作,或是自做生意。但是,在小学、中学所学的功课却都是为了升学,而不是为了找工作或做生意的,从大学或中学言,在投考学生人数大大超过录取人数时,可以挑选最好的材料,当然是可以称心如意的,然而那些未被录取的人,岂非只是为了"陪公子读书"而学了不少"半瓶醋"的东西,于自己将来的前途,并没有什么帮助吗?但是,他一生最可宝贵的时间,却就在这梦想升学的岁月里虚度了!

(6)因为读书时不能生产,有条件能读中学的人就比读小学的少得多,有条件能读大学的人,更比读中学的少得多。同时,办中学比办小学难,办大学比办中学更难。教育每一个学生的人力、物力、财力的耗费,小学固已不少,中学当然多得多,而大学更是多得惊人。一个大学生读了多少年书,需要许多人在生产上为他劳动,才能供养他。将来这一位大学生的贡献,就足以抵偿那许多人的劳动吗?在一个国家内,要使全国人民都受到这样的小学教育,已是不易,都受到这样的中学教育,就是不可能,都受到这样的大学教育,就更是幻想了。因此,在任何资本主义国家,不论它如何富裕,中学的数目总是不如小学多,大学数目更是不如中学多,就小学、中学、大学的学生人数而言,总是越高级的越少,这就使他们的整个学校制度形成一种宝塔式教育。这是势所必至的,因为任何国家都经不起使全国有劳力的学龄青年都去读书而不生产。只有在资本主义国家,劳心与劳力分离,教育脱离生产,才会维持宝塔式教育制度,使少数特殊阶层的幸运者爬上宝塔顶。在那里,失学问题,和失业问题一样,是永远不能解决的。

从上述资本主义学校组织的特点,可以看出,这种教育制度是为资产阶级服务的,是资本主义的一种产物,就像我国以前的科举制度,是封建社会的一种产物一样。我们社会主义国家当然需要另一种教育制度,一种能够打破宝塔式的教育制度。它首先应当为无产阶级服务,为全国生产服务。它应该是怎样的呢?我认为1958年陆定一同志在《红旗》第7期上发表的《教育必须与生产劳动相结合》一文内,已经把所有的重要原则指示出来了:

(1)“上层建筑必须适合经济基础。”“教育属于意识形态的范围,也是上层建筑,它是为政治服务的。”

(2)“过去几千年的教育,乃是奴隶主手中的教育、地主阶级手中的教育和资产阶级手中的教育。从这样的教育史中找出来的主要规律,是剥削阶级的教育规律。”

(3)“社会主义革命和社会主义建设的目的,是要消灭一切剥削阶级和一切剥削制度及其残余,实现……消灭脑力劳动与体力劳动的差别的共产主义社会。这个目的,也就是社会主义教育的目的。”

(4)“我们应当根据我国自己的特点,把马克思主义的普遍真理同我国的具体实际结合起来,来规定我国的教育方针、教育政策、教育制度、教育方法等。”

(5)“中国共产党的教育方针,向来就是,教育为工人阶级的政治服务,教育与生产劳动相结合。”

(6)“我们的教育方针,应该使受教育者在德育、智育、体育几方面都得到发展,成为有社会主义觉悟的有文化的劳动者。”

(7)“教育首先是传授和学习知识。但什么是知识?”“同实际活动完全脱离关系的书本知识,是一种片面性的不完全的知识。”“缺乏理论的、偏于感性的或局部的经验,也是一种片面性的不完全的知识。”“教育的目的,是使学生得到比较完全的知识,而不是片面性的不完全的知识。”

(8)“文化革命,就是使我国六亿人口,除了不能生产和不能学习的以外,人人都生产,人人都学习。”“每个人将都有时间来受教育,既是劳动者,又是知识分子。”

(9)“马克思说过,‘生产劳动和教育的早期结合是改造现代社会的最强有力的手段之一。’”“马克思对于他所理想的未来教育说:‘这种教育使每一个已达一定年龄的儿童,都把生产劳动和智育体育结合起来,这不仅是增加社会生产的一种方法,并且是培养全面发展的人的唯一方法。’”“马克思提出‘在合理的社会制度下,每个儿童从九岁起都应当成为生产工作者’,他主张九岁到十二岁的儿童每天在作坊或家庭中劳动二小时,十三岁到十五岁的儿童劳动四小时,十六岁到十七岁的儿童劳动六小时。”

(10)“列宁说过,‘如果不把青年一代的教育和生产劳动结合起来,未来社会的理想是不能想象的,我们不可能把脱离生产劳动的教学和教育或者把脱离相应的教学和教育的生产劳动,提到现代技术水平和科学知识现状所要求的那种高度。’”

根据上述原则,我们可以试拟一种教育制度,来贯彻“教育为工人阶级的政治服务,教育与生产劳动相结合”的根本方针。现在我大胆提出一个建议,很不成熟,恳求批评指正。

(1)启蒙教育。全国儿童自出生之年的第六年(即“虚岁”六岁)1 月份起入小学,受义务教育五年,全部免费,其内容相当于初小高小的五年一贯制。

（2）半工半读。学生自十一岁的 1 月份起入中学，每日在校内生产劳动一小时，其余时间上课，共学习三年。自十四岁的 1 月份起在校外生产劳动一年，在校内上课三年，共学习四年，至十七岁 12 月份毕业。劳动受酬，学习付费。校外生产劳动场所为农场、工厂、学校（当教师）、商店、剧场、医院、火车、出版社、印刷厂等等“三百六十行”。每个学生的生产劳动场所及时间，由学校与生产劳动场所协商安排。每个学生的生产劳动种类，越多越好，以便识别其资质及爱好。在学习四年毕业后，学习的成绩及格，即由组织根据其志愿、才能及发展前途，安排往适当的单位工作。

（3）高等教育。学生中学毕业后，都有受高等教育的机会，但非脱产学习，而是通过所在工作单位的推荐。国家根据需要，在各地设立大学，作为该地的教育中心。大学科系的设立，除依国家统一计划外，要为该地所有生产（广义的）单位的教育设施服务。根据需要，大学制定各科系的课程表，向各生产单位宣布，生产单位按照此表，保送学习出差者（见下文），住在校内学习。住校时间，可长可短，离校时，由大学给予证书。来学校学习过的，如有新的要求，还可再来。

大学对所在地全部生产单位，日夜开放，进行关于科学理论与实验的课程及答问、辅导等业务，并供应借书、实验等便利。各生产单位指定其专职教师，代表其单位的学习人员与大学接触。

大学在特殊情况下，可招收四年毕业的脱产学习的学生。

(1)国家经济建设、文化建设中，急需某一种专业的人才，而生产单位培养出的人才则缓不济急，因每日只学习两小时(见下文)。

(2)大学本地的生产单位中，无大学所应承担科系的专业生产，因而无法保送住校学生。对于脱产学习学生的科系课程表，在每一学期皆应专业在前，理论在后，例如《习而学的工程教育制度》一文中所附的《高等学校桥梁工程系课程表》。这类脱产学生的来源，可从半工半读的中学毕业生中，由学校保送，经大学考试后选拔。这类学生，因是脱产，无工资，但可领助学金。

(3)人人生产。全国人民自十八岁1月份起，正式参加生产劳动，按劳付酬，劳动成果，按工分核计，每人每年的工分有规定最少定额，至退休年龄为止。有特殊情况的，可酌减其工分定额。

(4)天天学习。全国人民在生产劳动时，每天除挣工分外必须学习至少两小时(将来生产自动化的程度提高，学习时间自可加多)，包括在每天工作八小时内，当作法定的任务。学习内容分三大类，一为政治思想教育，二为技术业务，三为科学理论。技术以工作中学习为主,科学以学习时自修为主,都加以“能者为师”的辅导。自修时可以个别单干,也可小组互助。对于科学理论,每一百人中,由组织配备专职教师一人,每日除劳动两小时外,以全部时间对群众进行辅导。每人学习成绩,由教师给以学分。每人职位工资及晋级加薪,都根据他的工分与学分,以及工作和学习的成绩,合并核定。这样,所有全国的工人农民,就都是学生,所有教育,都是正规,别无所谓“业余”教育。

(5)因材施教。生产组织对每人订出个别的学习计划,如同订出生产计划一样。学习计划应根据生产需要及个人条件,按月按年,逐步实现,以期达到德育、智育、体育的全面发展的具体要求。每人学习进度,不做统一规定。“一把钥匙开一把锁。”生产组织应把教育任务提到与生产任务同等重要的地位,将教育设施所需的人力、物力、财力,都订入生产计划之内。

(6)学用一致。生产中的教育方针为学用一致,即在同一时期内,所学的直接有助于用,所用的直接有助于学,学用相长,相互提高水平。每一种生产业务所需的学习内容,由国家领导该业的生产部门,统一规定,全国遵行,但完成学习所需时间,由学习者商承其领导,个别规定。学习所需教材,由生产领导部门,统一编写印发。这是件极其繁杂的工作,

“三百六十行”每行都要有全套结合生产的教科书,然而全国生产者都在学习,每种教科书就有几万、几十万人阅读,为他们所做的这种编写工作,无疑是值得的。

(7)循序渐进。生产者自十九岁起的学习,进入相当于大学的水平。根据国家统一规定的学习内容,在科学理论上除与专业有直接关系的在上述教科书中学习外,对于专门科学如数学、物理、化学等,则将课程分为十个阶段,每阶段有一定要求,能满足这一阶段要求的才能进行下一阶段的学习。但每一阶段所需时间,不做硬性规定。为了证明每人学业程度,其科学理论部分,由当地大学统一发给阶段证书,凡得有第十段的证书的,可应国家学位考试,及格者国家授予学士学位。各人生产技术水平的考核,不由阶段证书证明,因可表现于其职业的级别和薪别。得到学士学位的人,仍应终身继续学习,另定鼓励办法。

(8)知识医院。每县、市设大学若干所,作为教育中心,其任务为:(A)对本县市全部生产现场,日夜开放,进行关于科学理论的讲课、答问、辅导等业务,并供应借书、实验等便利。各生产现场指定其专职教师,代表学习人员与大学接触。(B)接受国家委托,举行考试,发给科学理论学习的阶段证书,亦可通过各生产现场的专职教师,在现场就地考试。(C)接收各生产部门送来专门学习、长期深造的职工,并帮助他们进行科学研究。(D)培养大学、中学师资。将来的大学应成为当地的教育中心,对全体生产劳动者来讲,好像是“知识医院”,为他们(通过专职教师为代表去“挂号候诊”)“治疗”知识上的“病症”,并按期进行学业上的“检查”,但他们一般只是“看门诊”而非“睡病床”的,只有往大学长期学习的人,才进入“病房”。这些进“病房”的人,构成各大学的“基本队伍”,就像现在的大学学生。

(9)学习出差。生产现场(包括交通运输、财贸商业、文艺工作、教育工作、卫生工作、研究工作等一切生产劳动场所)工农群众中,生产与学习的成绩俱佳,对技术革新或科学理论修养有特殊表现的,由组织上征得主管同意,保送往大学专门学习,长期深造,时期可定为六月、一年、二年、三年等,作为学习出差,以别于“脱产”学习。在出差时,一面学习,一面兼做与生产直接有关的科学研究。同时,也在科学理论上学习,为其工作单位及大学之间做联系人。出差期满返回时,由大学给予证书,并可由组织根据其学习成绩,提升其职位及工薪。由于学习时间较多,他们也可早得学士学位。学习出差,不以一次为限。

(10)举国皆学。为了帮助生产现场对教育设备和人力的不足,每个县、市应发挥群众力量,将当地所有的礼堂、剧院、电影院、俱乐部、文化宫等等公共场所,凡不使用时都作课堂，由当地大学教授主讲大课，传授科学知识，开办系统讲座，并把讲课录音，定时广播，以期形成“处处讲学、家家听课、人人自修”的举国皆学的风气。凡有阶段学业证书的人，出差后可在全国各地，随时参加下一阶段的科学理论学习，证书等于全国通用的“学票”。

（11）处处研究。生产、教育和研究本是三位一体的，而以生产为主体，教育与研究为两翼。教育是为了普及生产知识，研究是为了提高生产水平。因此，在生产与学习同时，每人都可有创造发明，并提出合理化建议，利用科学知识作武器，不分日夜，在工作与学习中，处处进行研究。

（12）学会活动。同生产、教育、研究都有密切关系的专门学会的学术活动，应当是教育制度中的一个重要内容。这种活动把同行同业同水平的生产者组织在一起，讨论学术问题，交流学习经验，报导研究成果，对每个生产部门和教育中心，都是科学工作上的得力助手。

在上述的教育制度中，一个关键问题是课程内容及其安排次序。我的主张是在掌握了基本学习工具如语文、初级数学以后应当“专业基础上理论化”，从“知其然”到“知其所以然”，而不是“理论基础上专业化”。先实践、后理论的程序是学用一致、边做边学可能实现的唯一途径。这个认识论的程序，也应当是学习继承的程序。很显然，按照这个程序来学习,科学知识就可划分为两个系统,一是按照生产过程并且采用生产语言的系统,一是按照学科性质并且采用学科语言的系统。所有学习来的科学知识要能以生产系统予以贯通,也要能以学科系统予以贯通。按照生产系统所掌握的科学知识应当表现在技术业务的成就上,而按照学科系统所掌握的科学知识,就不得不借助于考试,而为大学所发给的阶段证书所证明了。

上述教育制度的一个主要精神是学到老,每人都不以得到学士学位而满足,而学士学位也不足以吓倒任何人。这样,经过一定时期,比如三五十年左右,我国就有可能来普及高等教育,以至最后达到消灭脑力劳动与体力劳动的差别。

这个教育制度,比起我国现行的教育制度,好像有很大距离,但实际并非如此。现行制度是解放后历经大力改革的结果。从学校组织的形式看,如同资本主义国家比较,有许多类似之处,但本质上已经有了根本的变化了,比如"与生产劳动相结合"的这一根本方针就不是任何资本主义国家所能有的。现把这建议的制度和现行的制度来比较一下。

首先,小学一级是完全相同的,只是在始业和毕业的年龄上稍有变更而已。其次,中学一级,在学业上也大体相同,只是由于劳动规定,将毕业年限延长而已。再次,大学一级,其专门在校学习的学生,也和现在一样,不过其来源除经过考试者外,其大宗是从生产现场保送而来,并且对其毕业期限不做统一规定而已。至于将大学开放,为生产服务并发给阶段证书,当然是增加出来的任务,但这也不过是把现有的夜校和函授学校加以扩充而已。此外,生产现场要承担教育任务,好像是额外负担,但这也不过是把业余教育扩充,并使之正规化而已。

如何使现行制度,在一定时期内逐步过渡到一个新的制度,需要做很多细致的准备工作,必须经过全面的调查研究和充分的民主讨论。而且经过科学实验,才能开始试行改革,以期尽量缩小波动面。

本文经全国人大常委会印发,1963 年 7 月

学习继承可以违反“认识论”吗

——兼论“专业基础上的理论化”的教学方法

有人说:“人的认识规律,虽然是先实践后理论,但教育中的学习,由于是继承前人经验,却是应该先理论后实践的。认识是直接经验,当然是从感性到理性,但学习是接受间接经验,前人早就对它实践过了,而且也已经总结出理论知识。学习目的就是要获得这类理性知识,为何不能立即继承过来,作为己有?难道还要重步前人后尘,先来实践一番,然后才依样画葫芦地把理性知识接受过来吗?先有了理性知识,然后再从今后的感性知识中,予以验证,这不就是学习中从理论到实践的公式?为何要去硬套那‘认识论’中的从实践到理论的公式呢?这不就是世界上自古以来的教育规律吗?‘学以致用’‘学然后知不足’‘学而时习之’等等。拿学习地理和历史两门功课来证明,怎么可能先游五湖四海再学地理,更无法先看到三皇五帝再学历史!”

学习果然不是认识吗？哲学里的“认识论”果然不适用于教育中的学习继承吗？

首先，理论和实践的关系，是“具体的历史的统一”，“理论的基础是实践，又转过来为实践服务”。这种“理论对于实践的依赖关系”说明理论与实践这个统一体，是不能分割的；任何实践都有它所依赖的理论，或是正确的，或是错误的；任何理论都要靠它所依赖的实践来表现，或是成功的，或是失败的。因此，所谓“先实践后理论”，或“先理论后实践”，并非实践与理论本身，在时间上可有先后出现之分，而只能是实践时的感性认识和论理时的理性认识，在“认识过程的秩序”上说来，是必然有先后之分的；也就是说，对于感性知识和理性知识的获得，是有先有后的。然而，认识过程中感性和理性的两个阶段，“都是统一的认识过程中的阶段”，“感性和理性二者的性质不同，但又不是互相分离的，它们在实践基础上统一起来了”。对于任一事物的认识应当是在实践基础上的感性和理性阶段的统一。

其次，“认识”是如此，那么，“学习”该如何呢？学习和认识有多少区别呢？一般说来，主要区别在于获得经验和由此推理的方法不同。认识依靠直接经验，而学习则依靠间接经验。然而，“在我为间接经验者，在人则仍为直接经验”，“就知识的总体说来，无论何种知识都是不能离开直接经验的”。

问题就在于，别人从直接经验中所获得的感性知识，能否继承过来，作为自己的间接经验的感性知识。怎样叫作继承？继承要不要先有基础？对于某一事物，自己毫无直接经验，能否继承别人对此的间接经验？没有直接经验的基础，能否接受别人的间接经验？应该说，“只有社会实践才能使人的认识开始发生，开始从客观外界得到感觉经验”，“认识开始于经验”。如果对某一事物的认识，从未开始发生过，也就是从未有过经验，那么，对这一事物的间接经验是不可能接受的，可见，学习继承要有基础，而这基础便是自己的实践经验。

再次，认识和学习，虽有区别，但本质上是一事，都是为了获得知识。学习固然是为了认识，而认识更是学习的源泉。人的一生是认识的一生，也是学习的一生。学校教育中有学习过程，社会实践中有认识过程，然而学校里的独立思考，也是学习中的认识，而社会实践中的群众互助，就是认识中的学习。尽管学习是认识过程的特殊形式，然而学习规律绝不应违反认识规律。不能只从学习的现象上来看这规律，而应当从学习的本质上来看这规律。这个规律便是认识和学习所共有的“先实践后理论”的规律。

当然，所谓先实践后理论，也就是先有感性知识，后有理性知识，应当指认识或学习过程的总趋势而言，不能把实践以前所需的操作知识看作是先有的理论,或者把理论形成后所需的实验技术看作是后有的实践,因为操作知识是实践的组成部分,并非实践的理论根据,而实验技术是理论的验证手段,并非理论的实践基础。只能把操作知识看作是上一阶段的实践所总结出的理性知识,或把实验技术看作是下一阶段的理论所凭借的感性知识。这依然是符合先实践后理论的公式的。

不论认识或学习,都是为了获得正确思想。人的正确思想是从哪里来的?毛主席指示:只能从社会实践中来。可见不是从无实践基础的理论中来。所谓实践基础就是自己亲身经历的直接经验和由此而继承前人的间接经验,但直接经验是不可缺少的。

"通过实践而发现真理,又通过实践而证实真理和发展真理"就是"实践—理论—实践"的认识公式。不能把实践和理论的关系当作鸡生蛋、蛋生鸡的关系,可以任意割开,改为从理论开始。学校学习是人生认识过程中的重要阶段,也不能割断历史,半路上从理论开始。

再从人类历史的发展过程来看,所有一切社会活动、文明进步,无一不是从感性到理性,从实践到理论,然后再从低级理论上升到较高级实践、高级理论的,那么,构成社会集体的每个人,他的生活、学习等活动,以至对自然界的认识和改造,难道可以违反这个规律而沿着理论到实践的路线前进吗?

现在就对学校课程,分析一下,来看“认识论”规律对学习继承所起的作用。

(1)语文和数学。这都是“工具”性质的功课,语文为了表达思想活动,并把它记载下来;数学为了训练思想,使之“逻辑化”,以便对事物的“数”和“形”及其变化,有精确的辨识理解和表达的能力。这两种工具是怎样掌握的呢?语文从说话开始,数学从计数辨形开始,而这都是实践,都是学习的基础。在学习语文时,听到讲语法,必然会联系到自己说话所用的不自觉的成规,现在由教师替自己总结出规律了。学习时要读书,书如何能读好,也要靠有读书的实践。在学习数学时,听到讲各种定律,必然会联系到自己在生活经验中已经感觉到而说不出的许多道理,现在是豁然贯通,由教师把自己的实践总结出理论来了。当然,这不是说,在学习语文和数学时,所有听到的理论性知识,都有自己的实践经验,但是在学习过程中,必然会遇到不少理论,“似曾相识”,可以联系到自己过去的片断经验。如果在学习时,课堂上有实物表演,如语文课展出有关的图片,数学课用模型解释,就更易触动自己的回忆。总之,自己过去的一分实践,总可在学习到的十分、百分,乃至千分的理论中,联系得上;也就是说，在一分的感性知识的基础上，可以上升为十分、百分，乃至千分的理性知识。这个感性与理性知识，在数量上的相对比例关系，当然与学习内容有关，同时也因人而异。学习的内容愈抽象，举一反三的学习理解力愈强，则理性知识比感性知识的数量比例愈高。不论这个数量比例的大小，学习理论的基础，是自己过去实践的经验，则是完全可以肯定的。不能因为在讲授语文和数学的课堂上，并没有对学生有先行实践的要求，而是立即从理性知识开始，并以理性知识结束，因而就认为学习语文和数学，是理论来、理论去，而没有实践的；或者把语文的练习写作和数学的演算习题当作实践，就认为是先有理论，然后才有实践的。这是从课堂讲授的形式看问题，而不是从学生整个学习过程的本质上看问题。如果这里还有疑问的话，试看语文和数学的较高级的学习过程。语文要写出好文章，难道不要先在群众中体验生活吗？数学要作出贡献，难道不要先结合生产，深入实际吗？在这里的学习，不但显然是先实践后理论，而且感性和理性知识的数量比例关系，也大有变化了。要写出好文章或作出数学贡献，为了要获得一分理性知识，可能就要先有十分乃至百分的感性知识。比起初学时，这个数量比例关系，完全倒转来了。这说明什么呢？就是数量比例关系，是因学习内容和学习要求、学习条件而变更的，但是，学习时所服从的先实践、后理论的规律,则是在任何情况下都不变的。

(2)地理和历史。这是“常识”性质的功课,一个人总不能“乡土无知、数典忘祖”。在学习这两门功课时,好像只能死读书,全听教师的高谈阔论,强迫记忆,以耳代目,根本无实践之可言。但是,对于空间和时间的概念,是自幼养成的,每个人都有过游览本地山水和倾听故事传说的经验,这就是小范围的地理、历史的感性知识,也就是学习这两门功课时的实践基础。尽管这两门课中的理性知识,比这小范围的感性知识不知扩大了多少倍,但是这小小的实践基础,仍然是最根本的。在这个基础上已经了解到,地与地之间有联系,人与人之间有矛盾,那么,把这联系和矛盾的现象,引申到地理、历史中去,就会理解到,书中所说的一切是有根据的,不妨信以为真的,在课堂上放映关于历史、地理的电影,甚至可以接受电视广播,那么学生所得的知识就比文字传授要牢固得多,也就是大大增加了感性认识的作用了。在感性和理性知识的数量比例关系上,这两门课是和语文、数学相似的。也和语文、数学一样,学习地理和历史的规律是先实践、后理论。初学时是如此,到了较高级的学习时,更是如此。

(3)天文、气象、地质、生物。这一类功课,都属于“认识自然”的范围而与生产实践有密切关系。它们的特点是随时随地可以进行观察,来验证书中的理性知识。如果需要的话，所有书中所提的问题，都不难用实地观察来解答。这便和上面所说的四门功课不相同了。但是，由于书中的理性知识，都是前人亲身观察的结果，在学习这类知识时，当然可以接受前人经验，而不需自己重复观察。然而为了巩固学习，使对获得知识的了解，更加透彻，亲身观察的实践，不但不可缺少，而且应当在接受理论之前，就预先进行。只要有了进行观察的操作技术，就可在教师指导下对某一特定现象，反复观察，以便得出结论，然后再学习书中理论，检验自己的观察和结论，是否正确。当然不需要对书中所有的理论，都一一先来观察，但对比较重要的理论有条件进行观察时，适当做若干次的检验，则是必需的。这样就可启发思想，培养理论联系实际的能力。如果先学书中理论，然后进行观察，那么，在读书时心中无数，在观察时意存依赖，学习的效果是不会好的。因此，这一类功课的学习规律，也应当是先实践、后理论。

(4)物理、化学。和上述四课一样，这两课也是为了"认识自然"的，认识自然界的构成物质在各种条件下所表现的运动形态的变化。这些变化，不但可在自然现象中观察得到，更重要的是可在实验室内，利用仪器模拟天赋的自然变化而加以控制，来进行所需精密度的各种实验。不用说，物理、化学中理性知识的可靠性，是完全通过实验而证明了的。

实验技术的发展是这两门科学发展的前提和保证。因此,学习这两门功课,就更需要重视实验,也就是重视实践。在一般学校里,课堂上讲授了理论以后,紧接着就在实验室内做实验,来验证理论的正确性。这是教学中先理论、后实践的传统。能否打破这传统,先从实验中得到感性知识,然后再在课堂上,把感性知识上升为理性知识呢?完全可能,而且效果更好。比如讲授“牛顿定律”,先教学生如何做实验,让他在实验中总结出自己的体会,然后在课堂上说明这定律的含义和作用,这不是启发学生去深思探索吗?当然这并不是说,每个理论定律都要求学生先做实验,而是说,先获得感性知识然后上升到理性知识,则是更好的教学原则。因此,学习物理、化学这两门科学的规律,也应当是先实践、后理论。

(5)生产专业课。以上各门功课都是理论性较强的,现在来谈实践性较强的,生产中科学技术的各种“专业课”。如果物理、化学属于科学理论的范围,那么现在所谈各课就属于技术实践的范围。属于科学理论的功课,在学习时要先实践、后理论,那么,属于技术实践的功课,在学习时不是更需要先实践、后理论吗?只要看到生产环境和生产过程是如何复杂,要得感性知识,已是不易,想得理性知识,当然更难,怎么能希望课堂上先讲理论,后让学生实践,来了解生产技术呢?实物都没有看过,先来讲其中道理,恐怕连名词都说不清楚。有哪些自然现象已很难表达,更谈不到要理解生产中的一切规律了。结果只能是空中楼阁,纸上谈兵。然而,如果先在生产现场进行教学,使学生在生产实践中获得感性知识,然后在课堂上予以总结,使之上升为理性知识,“先知其然,而后知其所以然”,这不是更好的先实践后理论的学习方法吗?

现在一般专业学校的课程,除政治和体育外,大概不出于以上所述各课的类型,对它们的学习,都应当服从“认识论”,先实践、后理论。但这不是说,把每门功课分为两段,前段全是实践,后段全是理论,而是根据课程情况,把它分成若干节,每节都是先实践、后理论,用前一节的理论指导下一节的实践,紧密结合,螺旋上升。

上面谈的是,学习任何一门功课,都应当先实践、后理论。现在来谈一个专业学校的课程安排次序。这个次序也应当先实践、后理论。

现在的专业学校,不论高等或中等,所采用的课程安排次序,都有一个共同的原则,那就是:先理论、后实践。低年级的课程都是数学、物理、化学等等理论性较强的所谓“基础课”,而高年级的课程则是如同机器制造、现场施工、工程设计等实践性较强的所谓“专业课”。总的来说,就是先学习科学,然后学习技术,因为“技术是科学的应用”。把课程这样安排是有其历史根源的。在我国科举时代,就是先有了理论,然后再去实践。在西方资本主义国家,最早的大学,只有文学、神学、法学、医学等科,所用的教育制度,也都是先理论、后实践。后来大学讲授自然科学,就把这制度沿袭下来。西方科学传入我国后,也带来了这种教育制度,一直沿用到现在。为何东西方的教育传统,千年不变呢?在西方及我国解放前,这是完全可以理解的。因为教育是上层建筑,要为经济基础服务,先理论后实践的教育方式,正好适合封建统治和资产阶级的需要。先理论的当头一"棒",就把工农群众拒之门外,而将实践放在后面,那不明明是在说空话吗?在我们社会主义的新中国,这个教育上的旧传统、旧框框,是应当来考虑打破了。应当把旧的教育公式,改为服从"认识论"的先实践、后理论的公式。为什么呢?因为我们现在的所谓实践,是与生产结合、群众结合、革命结合的实践,而这在东西方和我国解放前,是从未有过的。

我们的教育方针,是要培养出"有社会主义觉悟的有文化的劳动者"。这就要求所有专业学校的教育制度,都能一方面贯彻理论结合实践的原则,另一方面扩大实践的范围,从学校深入生产现场,以便与群众结合,在劳动与革命中进行锻炼。当然,学生这样的实践,开始得愈早愈好,应当先在生产中实践,然后回到课堂读理论,以后再实践、再理论,循环往复，直至毕业为止。为了实现这种教育制度，专业学校的课程安排，应当来个大翻身，先是“专业课”，后是“基础课”。就是说，将学习整个过程，分为若干阶段，在每个阶段，都是实践课在前，理论课在后。如果实践课包括生产劳动，采用“现场教学”的制度，那么，这个学校便成为“半工半读”的学校了，而且不是“半读半工”的学校。

现在专业学校里课程安排的原则是：“理论基础上专业化”。我认为这个原则应当改为：“专业基础上理论化”。我的理由是：

（1）符合认识规律。假如毕业年限为五年，每年分两期，每期课程都是专业课在前理论课在后，而每课的学习都是先感性认识，后理性认识，那么，整个全部课程就是彻头彻尾地符合认识规律了。也就是把“先知其然，而后知其所以然”的循序渐进的原则，贯彻到每一门的功课中去，贯彻到全部课程的安排中去了。

（2）教育结合生产。我国教育是为无产阶级的政治服务的，是要同生产劳动相结合的。最理想的结合是学用一致，边干边学，在“战斗中学战斗”。这就要求把“专业课”移到生产现场来教学，比起在课堂上说空话，效果大得多。如果低年级时讲理论，高年级时讲专业，那么，低年级时的劳动，如何能同理论结合，高年级时的专业课，快毕业了，才去结合生产,不是太晚了吗？但是,把理论课和专业课的次序倒过来,先专业,后理论,这个结合问题便顺理成章地解决了。并且,如果采用分期的先专业后理论的次序,每一期的学习可自成段落,培养出参加实际工作的能力,那么,原来要五年才能爬过的一座“大山”,不爬完不能下地,现在是分为五座“小山”,一年爬一座,年年都可下地了。

(3)理论联系实际,先教理论课,后教专业课,在教理论时,怎样知道将来专业的需要呢？只好笼统地讲一些原则性的概念,让学生在专业课中自己去摸索体会。遇到困难,就要在理论上重温补课。学习理论原是为了分析解决生产实际中的问题的,能否预先掌握一把万能的理论“钥匙”去开启实际中日新月异的种种“锁”呢？资产阶级的“通才”教育,正是肯定了这一点。但这是脱离实际的,一把固定钥匙决不能开启时刻变化的锁。只有先学专业课,后学理论课,才是先有了锁,再去“配”钥匙,那么,不论如何复杂的锁,也总可开得开了。先知道实际,再找理论去解释,它们之间的联系不是必然密切的吗？

再谈一点理论与实践的关系问题。把理论课当作基础课,就是把理论当作实践的基础。但是,《实践论》说:“理论的基础是实践,又转过来为实践服务”。这个基础课的名称不是明显的错误的吗,为什么这样通行呢？有人说,造房子先打基础，后起高楼，理论是基础，应该先学。为什么理论不是高楼呢，而且楼上有楼，为什么专业与理论不能分段循环学习呢？又有人说，树木先有根株，后有枝叶，“根深才能叶茂”，意思就是要先有理论，后有专业。但是，一棵树成形以后，根深固然叶茂，然而叶茂就不能根深吗？这正是理论与实践紧密联系、相互服务的道理。理论扩大实践的范围，实践提高理论的水平。理论贯串实践，实践验证理论。

(4)贯彻“少而精”。课程的数量要少，少到切合需要；质量要精，精到门门有用。拿什么作标准呢？只有生产。要了解生产需要，从学习的第一天起，就来做准备。如果先学专业，后学理论，在整个学习期间，时刻都有生产作背景，就会集中精力，“有的放矢”，“带问题读书”，习其所当习，学其所当学。如果先学理论，后学专业，理论浩如烟海，从何下手？若说远近结合，靠未来的专业作指导，这不是“远水救不了近火”吗？有人说，理论是比较稳定的，先学了可以掌握千变万化的专业，这样“稳定”的理论，能够少而精吗？

(5)形成“启发式”。这是和“灌注式”的教学法相对立的。为什么要灌注，因为学生不愿意，只好施加压力。这就是先学理论的危害性。如果先学专业课，充实感性认识，后学理论课，提高理性认识，学生怎会没有自觉性呢？有了自觉，就会独立思考，这样的教学，就自然而然地形成启发式了，因为，启发的根源是实践。

(6)健全理论系统。主张先学理论，后学专业的人，都强调理论的“系统性”和“完整性”，认为先学专业，后学理论，让理论去凑合专业，就是有损于理论的系统性与完整性。这是站在学科的立场上来讲的。比如物理学这个学科，当然有它完整而又系统的内容，如果为了结合专业，只讲专业所需要的物理知识，这些知识加在一起，是不能构成物理学的整个内容的。然而，这只是就学科来讲。如果就专业来讲，那么，这个专业所需要的各种有关学科的知识，加在一起，对专业的理论来说，是足够完整的，而且也有它一定的系统，那就是生产所需要的系统。所谓自然科学，就是自然客观规律及其系统化的知识。其中客观规律是不变的，但如何系统化，就可有两种标准，一是为了认识自然的学科标准，一是为了改造自然的生产标准。以生产为标准来把客观规律系统化的科学，我命名为“专业科学”。先学专业，后学理论的结果，便可建立起各种专业科学，与学科科学并存，因而使科学理论的系统化，更加健全起来。

(7)实现多快好省。先专业后理论的教学方法，是先易后难的，推广起来，可为广大群众所接受，因而可以普及到半工半读、半农半读以及各种业余的学校，这就使得学习的人加多。对每个学习的人来说，由于上述的各种理由，他的进步一定是快的。这样,这个教学方法,对于生产来说,便是好的,对于国家来说,又是省的。能够多快好省,这样的教学方法,不值得建议吗?

“专业基础上理论化”的课程安排原则,所以能有上述的各种优点,最主要的理由就是它是符合“认识论”的。它虽然也是为了学习继承的,然而它是遵从《实践论》的。

1965 年 9 月 20 日

对高等学校专业调查和调整工作的建议[1]

教育部高等学校专业调查和调整工作办公室：

收到你室1978年11月28日信，承嘱对高等学校专业调查和调整工作提出意见，感到这个工作非常重要而又很难下手，现将我的意见提出，请恕我直言。

培养人才的目的是为了满足经济和文化的需要，而非为了粉饰科学文化的门面。如同造屋，需要多少木材、砖瓦应当按照规格，如数量如质量供给，不多不少，不高不低。就教育言，就是要对经济文化建设，培育出有一定数量、一定水平的可以学用一致的人才。现在大学招生，通告有哪些学科专业的设置，让学生自由选择报考，结果按成绩录取，四年以后毕业。但那样培养出的人才，如何能保证对四年以后的经济

---

① 该文是给教育部高等学校专业调查和调整工作办公室的复函。

文化建设,恰恰满足需要,也是不多不少、不高不低,因而毕业的学生也都能学用一致呢？我对此大有怀疑!

现在通行的教育制度是受苏联影响的。在资本主义国家,大学所设科系,侧重基础,很少分成专业,目的是要造就通才,在工作中养成专才,学生毕业后,只能自由寻找工作(除少数例外),所以有毕业即失业之说。我们社会主义国家则不然,一切都有全盘计划,在经济文化建设中也有教育计划,但培植出的人才如何能非常适当地配合需要,直到今天,仍然是个未能很好解决的问题。

解放后,1950 年 4 月 29 日我在《光明日报》上发表过一篇文章《习而学的工程教育》,就提出这个问题和解决方法。后来加以补充,由北方交通大学于 1951 年 3 月,出版了一本同名的小册子。当时曾分送给各高等学校。但当时教育部的苏联专家,反对这个意见,认为做不到,就搁下来了。于是我把注意力转到业余教育方面,在 1957 年 2 月 12 日发表了《业余教育要能利用业余的优越性》(见《光明日报》),1963 年又整理出《建议一个为社会主义服务的教育制度》一文,在人大常委会小组会上发表,也印了三百份,分发有关各单位。但不久因“文化大革命”,就无下文。

现在我重读《习而学的工程教育》那本小册子,觉得对工程技术大学还有现实意义,可供参考。用一个显明例子来说明一下。比如需要大小宝塔来应用，我建议的教育方法是在四年学业中，第一年造就一个小宝塔，二年级将宝塔放大，三年级再放大，到了四年级造成一个大宝塔。每年造成的大小宝塔，各有各的用途。现在大学进度是四年造成大宝塔，以第一年起，一年造一层，直到造完第三层都不能应用，非到第四年后，造成一个大宝塔后才能发挥作用，不能半途而废。同我所拟的制度相比，其社会性、适用性与灵活性的差别是很显然的。

但是，也很显然，我这制度不是一时能实现的。在目前教育制度下，研究各学科的专业设置问题，我只能提点看法以供参考。首先要决定“供应与需要”的结合。这有两种不同的主张。一是从自然科学和技术科学言，应当有哪些“学科”及其分支与专业，以便建立起一个国家的完整的科学系统；一是从经济与文化建设言，应当培植出多少分门别类的各科各系的专业人才以便恰好满足需要。换句话说，一是从理论出发，一是从实际出发。从实际定专业的最大困难是，很难确定学生四年毕业后的国家需要，尽管有各时各期的五年国民经济发展计划。要在每一科系内，各专业之间，留有调剂余地，以便尽量适合经济文化建设的要求。事实上为了避免失业，必然会留下若干学非所用的毕业生。对于这批人，要给以补课机会，以便补充人才缺乏的各专业。再有一问题，是各专业毕业的学业的水平，大致相等，而建设事业中各专业所需要的人才，则必然是程度不齐，有高有低。有高水平的任务则毕业生水平不够，对于低水平的任务，则毕业生又成大材小用。在现行制度下，以上各问题，是很难圆满解决的。

其次，谈点统一分配问题。要使每一个学过四年的毕业生，安排到一最适当的工作，需要考虑的问题极多，除本人各种条件外，尚有他的家庭问题、社会关系问题、工作地点问题等，算起来，一百个项目也不嫌多。如要分配几十万甚至上百万毕业生，考虑到每个人的上百个条件，岂是凭个人的思虑所能及，其结果不可能不是“乱点鸳鸯谱”。唯一解决办法是借重电子计算机。为了四个现代化，我希望今后分配毕业生，都要通过电子计算机的“推荐”。从现代电子计算机的高效能来看，这是完全可以做得到的。

以上意见如不够清楚，我很愿意前来你室一谈。

此致

敬礼

1978 年 12 月 21 日

学习研究“十六字诀”

《浙江日报》办了一个叫“治学经验一席读”的专栏，约请多方面的专家、学者谈自己的治学经验，这是一项很有意义、很有价值的工作，我是搞桥梁研究的，又长期在大专院校和专业研究部门担任教育、领导工作，很愿意接受《浙江日报》编辑部的约请，谈一点自己的经验和体会。

治学就是做学问，何谓有学问？用简单明了的话说，就是懂得的知识多，能运用这些知识。范成大《送别唐卿户曹擢第西归》有句诗：“学力根深方蒂固。”世界上没有“生而知之”的圣人，只有学而知之的“天才”。要使自己懂得多，首先就要学得多。我经常和青年同志们说要“博闻强记”，就是这个意思。学习要学得深，但不要钻牛角尖。许多知识都是互相联系的。要想学得深，在某一方面做出成就，首先就要学得广，在许多方面有一定的基础。正像建塔一样，一个高高的顶点,要有许多材料作基础。世界上许许多多专家,没有一个是钻牛角尖钻出来的。马克思、恩格斯是搞社会科学的专家,但他们对数学有浓厚的兴趣,而且很有造诣。据一些研究马、恩的同志说,马克思、恩格斯能在社会科学方面做出如此辉煌重大的突破和创见,一个重要的原因,是靠学数学锻炼了自己严谨的科学的思维能力。马克思、恩格斯自己也说过类似的话。因此,要想当专家,首先应该是“博”士,要想成为某一门知识的专家的同志,千万别把自己的视野限制在这门学科的范围内。学文科的要学理,学理科的要学文。大家都可以学点音乐、美术之类。现在有些同志对专业研究颇有见地,但因为文学水平差,论文写不好,研究成果表达不清,得不到别人的承认,更谈不上研究成果为社会服务。有些知识,看起来与自己的专业无关,但学了,见多识广,能启迪你的思想,加深对知识的理解,促进学习。

当然,所谓“博闻”,不是说什么都去搞,“博闻”,不仅是对各科知识而言,一个学科里面的各方面,也有一个“博闻”的问题。对搞专业研究的同志来说,要掌握比例,不要丢开专业,不要“喧宾夺主”。早年,我在唐山工业专门学校读书时,兴趣是广泛的,但特别是对力学、桥梁建筑感兴趣。看到贫弱的祖国许多铁路和桥梁修建权被帝国主义把持,如济南泺口黄河大桥是德国人修的,郑州黄河大桥是比利时人修的，沈阳浑河大桥是日本人修的，云南河口人字桥是法国人修的，珠江大桥是美国人修的，凡是像样一点的桥梁的修建权都落入“洋人”之手，实在令人痛心。对祖国的热爱，激起了我发愤读书的意志，决心要在桥梁事业上为中国人民争口气。那时我二十来岁，正当学习的黄金时代，就从踏踏实实学习做起，力求在较短的时间内学到较多的知识。没有教科书，就去找有关的书和资料，有时带着一个问题，找来五本十本。不仅读得多，而且反复地读，拼命地记。这样，一个个的问题弄懂了，自己的知识面也一点点地拓宽了；学过的知识记住了，以后学习就方便了，不必在查工具书上花过多的时间。在唐山读书五年，各科考试都名列全班第一。后来到美国去留学，白天在匹茨堡[①]的一家著名桥梁工厂里，实习桥梁的制造和安装，晚上广泛地查阅各方面的资料，把各家知识吸收为自己的东西，从而获得加里基理工学院[②]第一个工学博士学位。我在回顾和总结自己各项研究成果时，不能不把成绩的起点上溯到那时的“博闻强记”，因为是这种方法为以后的研究工作，打下了扎实的基础。

“博闻强记”只能说是一种学习方法，是接受知识，为自

① 今译匹兹堡。
② 今译卡内基梅隆大学。

己的研究和创造打基础。搞研究工作，要出成果有创见，还要“多思多问，取法乎上”。有人打比方说，文章是固体，言语是液体，思想是气体。我提倡多用这看不见、摸不着的气体——思想。这不是怕写文章讲话要被人抓住把柄，更没有同“知无不言”“凡事无所不可言”背道而驰的意思。我的意思是：多想比多写多说更重要。对知识不但要知其然，而且要知其所以然。多问几个为什么，大胆地提出自己的疑问和设想。学术上的许多突破和创见，无不是从大胆的怀疑或设想开始的。有疑问，有设想，才能去证实，才能有突破。1921年①留学回国以后，我先后在唐山交通大学、南京东南大学、河海工科大学、天津北洋大学、中国北京交通大学和中国铁道科学研究院等高等院校、研究院任教和从事专业研究。我经常给自己出难题，也经常要学生出难题。过去讲课有个老习惯，在上课的前十几分钟教师提问题要学生回答。我在任教的时候，也有问学生的，但更多的是倒过来，让学生提问题由教师回答，或这个同学提的问题让那个同学回答，学生提的问题教师答不出，就给这位同学以满分；你提不出问题，那么就请你回答后面同学提出的问题。根据学生提的问题的水平、深度打分数，也根据学生回答问题的结果打分数。这

① 应为1920年。

样做，看起来作答的同学更难些，在分数上吃亏，但可以鼓励和促进他们想问题，提高解决问题的能力。实践证明，这种方法是可行的，因为教师问学生是主观的，学生懂的，回答你，收效不大；学生问教师是客观的，可以根据所提问题的深浅判别他掌握知识的情况，也可以由此而检查教师的教育质量。有些问题课堂上不能解答，就成了学生的课外作业，有的还成为我的研究课题。记得有一次讲力学，学生提出了“力”是什么的问题。这在书上是有定论的，但书本上说得很概念化，不清楚；做老师的也说不清。于是，它就成了一个研究课题，通过一段时间的研究，我做出了比较形象明确的解释。现在，有的青年同志怕提问题，认为这会暴露自己的弱点。有的同志则想一步登天，不愿在研究一个个的小问题上花功夫。这些都是做学问搞科研的拦路虎。荀子的《劝学》篇有句说：“不积跬步，无以至千里；不积细流，无以成江海。”荀子这话说得很有道理。要到千里之遥，就要踏踏实实地从一步一步走起；要渊要博，就不能嫌涓涓细流。搞研究工作，只有从一个个的小问题入手，进行种种设想，提出种种方案，在各种方案的对比衡量中，采取正确的方法，才能从微到著，从小到大，有所突破，有所创见。

以上所说的这些，可以说是很一般的道理。大多数同志是明谙的，也能够这样做。那么，为什么许多同志不能达到目的呢？应该说，确实是因为先天智力不行的，那只是极少数，而极大部分同志是因为对自己所执的事业不够专注。治学有没有自觉性，能不能持之以恒，这是成败的关键。有许多人，他（或她）的先天条件并不十分优越，可是因为他（或她）对事业专注，几十年如一日，有的甚至扑上了全部身心，因此取得了举世公认的成就。爱因斯坦就是这样的一例。爱因斯坦小时候曾被当作迟钝的孩子，记忆力也很差，一个校长曾这样下评语："干什么都一样，反正他决不会有什么成就。"但爱因斯坦没有因自己的先天不足而畏葸不前，他具有坚持不懈的恒心，不为物质生活、交际应酬所分心，正是由于他对事业的专注，创立了相对论，在别的领域成就也很大。与此相反，也有许多人先天条件十分优越，可是因为他见异思迁，虎头蛇尾，结果终生碌碌无为。这样的例子举不胜举。三天打鱼，两天晒网，不是一个好渔民。怕苦怕累怕脏的人，不可能成为好的农民和工人。做学问的人也一样，想靠憋一阵子气，咬一下子牙而出成果，是不可能的。做学问要有决心，更要有恒心。下个决心并不难，做到有恒心就不容易了。这要靠自己督促自己。学习研究都要有计划。有了计划就要严格地执行，不要自己骗自己。我二十来岁的时候下决心搞桥梁研究，六十多年来，在理论上做了不少探讨和阐述，也参加了许多大小工程的建设。每当取得一项研究成果或看到自己参加的一项工程胜利完成时，都感到莫大的快慰，党和人民也给了我很大的荣誉。但我总感到不足，从未产生过可以歇一歇或者改换研究课题的念头。可以说，每时每刻，我的案头都有几本备读的书，都有几个问题在自己的考虑研究之列。这样不间断的学习和研究，虽然从一个时期一个阶段看，收效不一定很大，但连贯起来看，就可贵了。因此，在回顾和总结自己学习经验的时候，我要与青年同志们说的最后一句话，就是要"持之以恒"。

"博闻强记，多思多问，取法乎上，持之以恒"，这是我经常和青年同志说的几句话，也是自己几十年来学习研究的基本方法，权且称为"十六字诀"吧！

根据谈话记录整理，原载 1981 年 12 月 2 日《浙江日报》

JiaoYu De JieFang

教育的解放

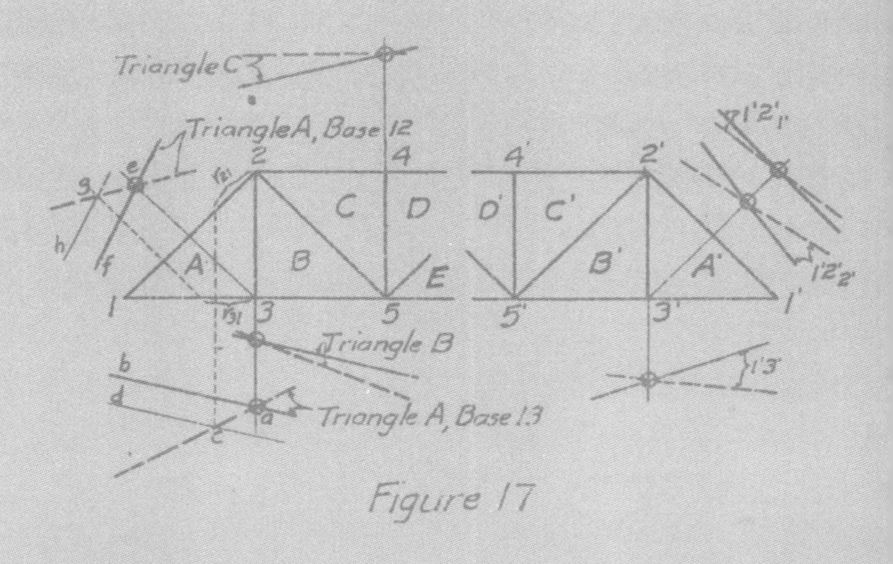

教育的解放[1]

——一个革命性的建议

过去的教育，不论大、中、小，在时间上、空间上、精神上、物质上都受着重重叠叠的束缚，改良了五十年，至今还未有灵魂，连躯壳都显得模糊，全中国需要解放的事业中，恐怕教育是比较迫切的。

先举事实，以大学为例：

(1)投考——要有“三资”的学生，才敢尝试，一要有“资质”，有一定的聪明才智；二要有“资格”，有高中毕业文凭或同等学力；三要有“资财”，有独身生活的自给财力。三者俱备，然后盲目地去投考，去考那一时认为最适当的学校。先是报名，怕通信靠不住，还要亲自去。在一个生活高贵的都市里，挤在小旅馆中等候应试，幸而不生病，居然等到，好像害大病的一般。挨过考试，又要等发榜，不知是回家去等，还

① 这篇文章于上海解放后不到一个月送《大公报》，但未被登载。

是在外边等，以便就此入学，然而哪里知道能否考得上呢，终日彷徨，坐立不安，如是者一月或两月，果然发榜了，大名赫然在榜，惊喜若狂。

（2）考试——资格老、牌子好的学校，最喜在入学考试这一紧张局面里作威作福，对那投考的学生好似仇人一般，想出种种难题、种种花样，叫他吓得不敢来，然而来的还有这么多。审查文凭、核对照片都赶不出去的学生，只好让他考了，弄得考卷堆积如山，阅卷的先生们满头大汗。幸而考题出得难，绝大多数的考卷不须细看，给他零分，也不冤枉。如是在短短几天里，就把全部考卷都打了分数，等到定榜，大家开会、看报告，不得了，几乎全部考生不及格，要依本校“标准”竟是无法办，于是忽然地又不把学生当仇人看了，或是降低标准，或是提高分数，尽量地录取足“额”。对于这些额内的学生，大表欢迎，承认为本校的新生。可怜那些不在额内的考生，糊里糊涂地被剥夺了新生资格，无疾而终！

（3）转学——有大学资格的学生，要想换个学校，想转学，那就难如登天，一切条件具备，仍然要经过入学考试，好像本校的数学、物理，要比他校的格外科学些。侥幸考取进来，审查学生，总要刷去一半，说你原先读的英文，中国味太重，定须重读，如此种种的留难。转学转得多的学生，简直转得无从毕业。还有通融转学的学生，毕业考试全及格了，而因未经入学考试，还须同下次新生同考，因你虽是毕了业，却还未取得本校学生的资格！

（4）入学——第一困难要身体及格，第二是宿舍，第三是选课，第四是买书籍仪器。每天跑课室，跑图书馆。一课方听得入神，忽然打钟，又奔下一课。上下两课都要静思的，中间忽然夹课体育，正好读书的时光，偏偏无课。在星期休息的日子，则要听课，倘是不去，便要扣分，生病也扣分。在校几年，逐日过着演戏生活，等到四年终了，“徒刑”期满，不管三七二十一，将你推出大门，算是毕业了，尊称一声“学士”！

（5）学分——然而毕业以前，到底是要计算学分的。某课几学分，好像餐馆价目表一样，早经公布，必是读了若干规定的学分，才准毕业。不要读的也要读，要读的却不一定能读，但每学期的学分数，又有规定，反正你不受四年的罪，就休想得文凭，而你如想多读一年，除去自动留级，或者再考研究生，也无法留恋。读学分的时候，经过若干次的小考和大考，然后去争取六十分的及格，万一只得五十九分九，或者临考生病，那你过去读那学分的时间算是白费，明年再读！要是重读一遍仍得五十九分九，那你便只好卷铺盖，出大门了。教员先生们打分数，最是头痛，各有各的标准，但希望学生好学的心情，不免过切，总想在分数上警诫他一次，不料这样平均、那样缺课，结果竟然算出五十九分九，那“高足”便就此牺牲！

（6）操行——最妙的是操行，既无学分，又不上课，却有分数，不及格时，照“章”退学。那分数是如何“打”出的，只有天知道！但训导处照例是要照章报告，或者全体一律七十分，或一律乙等，不知是为了要谁看？

（7）毕业——做了四年的“职业学生”，不论有无学潮，有无事故，经过了小考、月考、学期考、毕业考、统考，你是必可毕业了。那时的分数忽然“松”起来，教员们纵有狠心的，也不忍留难你的毕业。于是你可在大考前戴学士帽去照相了！还未照相，你就早考虑到毕业后的出路问题，你所庆幸的，是将来竟是这样一个老招牌大学的毕业生，该不至于失业吧？然而失业竟来了，你想在家乡附近谋职业，而附近拥挤不堪，有办法的倒是远在千里，你又不愿去，学校里为你各处介绍，到处碰壁。于是你觉悟了，原来吃尽千辛万苦，忙到毕业，结果还是失业！失了愿在家乡的业，失了在学校里的业，失了梦想做大事业的业！

（8）就业——幸而你是有大学文凭的，总算有学士资格，有这样资格在过去的中华“官”国里，还怕无事做吗？所有一切公务员的最普遍条件便是大学毕业，有张文凭，迟早你会在一个机关里觅个小事，从此你便“服务社会”了！自今以后，你发现了两个事实：一是在大学里所读的那些学分，对你现时所服的务，好像无多大关系（技术性的科目较好），一是现在竟可不读书（也无法读书），而继续服务，以后只须有“常识”便可应付裕如了。回想到当初投考大学时是如何情急，不禁失笑，白费了四年光阴！然而这四年也还有点代价，在填写履历表时，你总可不假思索地填上个某大学学士！

以上大学生的苦难，环绕着他的教员、职员、校长以至职工，无一不对他同情，而无一不自处于苦难之中，可算是任何一个大学的整个学校的悲哀！

大学如此，中学情形类似，而问题尤多，崎岖未终，深渊在望，焉得不更觉悲哀？

为何我们整个的教育如此悲哀呢？便因过去的教育制度，力求标准化、机械化，在时间上、空间上、精神上、物质上受了无穷的束缚，失去了灵魂！

从上面所述的病态，便知道过去的也是现行的教育制度的缺陷。也不必说明，那些病态是由于当时的制度所造成，总之这制度是为教育而教育，有封建的轮廓，造成特殊阶级，完全与社会脱节，不管它是如何，从外洋抄袭而来的也好，或是经过了五十年改良而来的也好，到了今天，我们评价，便应彻底地检讨，大胆地改革，来谋全国人民教育的新生！

革去旧的，必须要有新的来接替，现在建议一个新的教育制度，来说明教育解放的方向。这个建议，虽然疏漏很多，说不上一个方案，不过可看作解放的一例，以便引起其他更好的建议，是可十足看到解放意义的！

（1）幼稚园——初生儿童，尽可能地提早送入幼儿园（十家以至一百家聚集地设一所），学习集体生活，并准备进入小学的条件。

（2）小学——全国儿童必须普遍进入小学接受义务教育（二十家至二百家聚集地设一所），受最基本的训练，同时考验其所长，不定修业年限，但须达到一定程度，作为卒业。入学分全日及半日，以便顾到家庭生产工作。

（3）中学——在凡城市人口聚集之处，每四平方千米设一所。无宿舍，无名额，无修业年限，无寒暑假，其师资及图书、仪器、设备，适合于旧制四年中学毕业之程度。课室日夜开放，每日授课八小时，课室至少容百人，辅以扩音机、幻灯片及电影等助教设备。每种功课同时开班者，有参差不同之程度，以便学生随时插班。凡小学毕业学生，不须考试，可径入离家最近之中学，或全日或半日，不分早晚，在不妨碍其生产工作之时间，赴校上课。于修毕学校规定之课程时毕业，不拘年限或年龄。教科书得向图书馆借用，学费、实验费、体育费等，得以劳动服务免缴。每中学必须有大礼堂一所，日夜开放为学生及附近人民集会之用。

（4）大学——废除学校形式，改为某种学科“中心”。凡有中学毕业程度者，应于其一生的时间，致力大学教育。一面从事生产工作，一面学习增产技术，并发挥其潜在的才能。每一城市，至少应有“学术中心”一所（可名为大学），内有图书馆、实验室、实习工厂、博物馆、美术馆、音乐馆等，一切辅助教学之设备、仪器、药品等，但无学生寄宿宿舍。在图书馆里，可以阅书借书，并有教师若干人日夜坐馆，以便解答。在每科实验室内可做各种实验，亦有教师指点。实习工厂亦然。另有大教室若干所，每所容千人，日夜授课，于三日前预告讲授教师及课目。亦有扩音机、幻灯片与电影之设备，听讲者无任何限制，但可于其听讲卡片上登记，作为听讲之证。每月举行某课考试一次，应考者自动、自由地参加。如考得及格，于其“应考证”上登记，作为考试之证。凡某种学科之各种考试均及格者，给以该学科之“学分证”。凡领有规定学科总数之“学分证”并通过某中心举行之学士学位考试者，作为大学毕业，由该中心给以学位。其学分证可于各地得来，不必限于一处。

大都市内，应有各种学科的“中心”，如纯粹科学、社会科学、工程、农林、医药、文艺等，均由现有的各大学改设，而废除其宿舍。为便利无家的学生，可设立学生旅馆、餐馆，作为福利事业经营之。

（5）研究所——附设于各种“中心”，备有专门书籍、特种仪器及各项设备，并有教师在内指点，但此教师并非研究员。凡大学或中学毕业，乃至小学毕业，只须对某科确有研究之初步收获而需用书籍、仪器或教师指导者，均可来研究所，专心研究，成为研究员。其研究所得应写成论文，公开发表，但无学位之酬报。

硕士、博士学位，每年由国家颁发。凡持有论文登载专门刊物，经该科最专门之学会评定推荐，有某种价值者，经过国家举行之考试得授硕士、博士学位。

（6）职业专科——职业学校，以为职业可在一个学校内训练养成，近于幻想，故实际多无成效。职业教育唯有在职业本身内求之，其每日工作即是教育，所缺知识，应由工作场所专办训练班补救之。倘训练班之教育，不足餍其欲，在本制度内，可于余暇进中学或大学，同样地获得学士、硕士或博士。至于美术、音乐等特殊科目，均由大学之“文艺中心”附设之，必如是而美术、音乐始可大众化。

（7）配合联系——在小学教书者，可在中学上课；在中学上课者，可在小学教书。在中学教书者，可在大学上课；在大学上课者，可在中学教书，或借用其图书馆、实验室（最多走两千米）。在大学教书者，同时在大学读书，或做研究，或为事业机构做顾问。而全部大、中、小学之教师，均可利用其教学设备为社会服务。全部学生不在校内寄宿，必将学术空气灌注家庭，亦可影响社会。凡大工厂、医院、农场等附设训练班者，其师资、设备均可与大中学相互利用，联成一体。

(8)体育德育群育——都是过去名词，但也足说明教育中智育以外的要求。上述办法中，似乎只提到智育，然教育其他方面实已包括在内。以体育言，本应注重卫生、劳动、个别和集体的运动，在新的制度内，全可做到，但演剧式的英雄表演，是应该取消的。以德育言，过去学校内的训导制度，多是掩耳盗铃，造成虚伪作风，纵然办得好，也敌不过恶社会的熏染。在新制度内，学生品德由政府和社会负责，上行下效方是最现实的训导。以群育言，新制度内，自幼儿园起即学习集体生活，以后毕生皆在社会中活动，不限于一校门墙，岂非更实际的训练！

(9)教育经费——新制度是需要大量经费的，但对每个学生的担负，却比从前少得多。经费增加的原因是：①中小学幼稚园的数量加多；②各级学校的教师加多；③各级学校的房屋、图书、仪器、设备加多；④各级学校的活动范围及服务事业都扩充。但也有可减的经费：①事务性质的工作，由教师兼任，不需设置职员；②取消学生寄宿舍，减少学校开支，亦免去个人在学校及家庭的重复置备（当然是少数学生）；③学校内劳役，由学生兼任，不须特置工友（如有工友则可在附近学校乃至本校读书，仍是学生）。

过去有私人办的大学和各种学校，在新制度内都没有了，但仍应奖励私人，尤其是各生产机构支援办学。支援的办法应包括：①捐赠教师讲座；②捐资建造图书馆、实验所、博物馆、美术馆、音乐馆等建筑；③捐赠图书设备；④捐办学生宿舍和餐馆，不取利润；⑤捐学生书籍、仪器等。

学生上课，一律免费，图书馆、实验室及工场等除担负损耗外，亦无其他开支，但学生为表示慰劳教师或纪念学业，得量力随时献金，以谋教师福利或学术研究。

(10)青年营与老人团——新制度内，中学以后虽有集体活动，但无集体式之规律生活，对于青年之身心锻炼缺少机会，故各城市附近，应经常有青年营之组织，入营者同时学习军事，每年参加若干月，务期养成优良习惯，改造家庭，改造社会。年老而丧失生产能力者，可为之组织老人团，别创天地，使其集体生活，重燃青年情绪，提高人生乐趣。

以上介绍的教育制度里面，中学以下，还遗留着旧规模的痕迹，但高等教育的形式和躯壳都不见了，以后只见教授，而不见其大学，只见学士文凭，而不见学校关防，只见学生，而不闻有“母校”。以后全中国只有一个大学，全中国的人民，不分男女老幼，都是一个大学的学生。同时各种生产机构、管理组织、各业社会，乃至各家庭，又无一不是大学。到处是教育而无处是大学，革除了为教育而教育的大学，创建了为生活而教育的社会。在从事旧教育多年的人看来，或不免有空虚之感，认为皮之不存，毛将焉附，以后学生既无约束，自由来去，就是努力上进的人，也要为游荡懒惰所牵累。殊不知游荡懒惰，是不良社会制度产生的病害，在平等、自由、民主的教育里，人人有发展机会，断无时间去游荡！

一定也有人说，这个制度是抄袭封建遗毒的“科举”。但他却未想到封建的遗毒，何以到今天还不扫光，便是这科举“厉害”的证明。科举本是很平等的教育制度，过去帝王发明了这个制度，用它来束缚思想、钳制舆论、收拾人心，竟能维持封建社会几千年之久，它还能不算是教育的“利器”吗？这利器是教育法宝，我们要利用这几千年尝试有效的法宝，转变其方向，改良其内容，来应用到新民主主义的教育，来谋人民教育的解放！

1949年6月20日

教育的解放

新时代的科学教育

今天是升学讲座的第一讲，题目是“新时代的科学教育”。这个题目太大，而且也太重要，因此我深觉惶恐。现在只能凭个人所想到的和各位谈谈。

今天在座的都很关切升学问题。各位都是高中毕业青年，将来的大学教育是有关一生的极重要的一个问题，所以对于升学问题必须加以仔细的研究，如进哪个大学，读哪一科，而现在正是紧要关头，因为各大学马上就要招考了。不过我首先要告诉各位，对于某科某系，不必过分重视。最重要的就是关于升学的观念，一般认为所谓升学，便是小学修完六年，中学修完六年，再升入大学修习四年，便算毕业了，这是错的！学问是无穷的，大学四年怎么能就把学问弄好而毕业呢？学问是一生一世学不完，毕不了业的；大学毕业之后还有研究院，研究院也不过三四年，仍旧不能把学问弄好。

所以现在所谓升学的意义，就是有了中等教育的基础，以这个基础来从事高深学问的研究，并不是说进了大学就算数了。所以我要奉劝各位青年，绝不可以大学毕业以前便读书，大学毕业以后便不读书，毕业两个字在某种含义下是很不妥当的名词。教育是一种机会，我们随时随地都有机会，随时随地可以受教育，并不限于在大学门内，大学门外可以受教育，大学毕业以后也可以受教育。要紧的是能把握机会，利用机会，充分地来教育自己，终身利用机会来教育自己。教育自己的先决条件是什么呢？第一个条件是要有基本的准备。如识字便是最基本的准备，中学教育便是考大学的基本准备。有了这种基本的准备，才可以认识环境，把握机会。然后，第二个条件是要知道学习的方法。任何一件事物，我们想研究它，在学习过程中应该有正确的方法，才可以充分利用教育的机会。第三个条件是要有实践的精神。学问是最现实的，不容马虎，不可敷衍，必须实地去做，必须抱着求真的态度去学习，才可以教育自己。我们具备了上面三项条件，才可以充分地利用机会，教育自己；这三项也可以说是工具，必须随时随地把握住。

我们现在谈科学教育的目的。科学教育的目的就是要给你三项工具；这也可以说是科学教育的目的，也即是科学教育的使命。为什么从科学教育中可以得到这三个工具呢？

即是因为科学有其本身的价值。先说科学本身的目的,最最重要的就是求真理。所谓真理是每个人都懂的,每个人都讲求真理,但是真有主观的“真”,也有客观的“真”。而科学家所求的是客观的真,是不掺感情的真,是可以实验的真,譬如天文学上所说的行星,你能看见,他也能看见,而且不仅现在可以看见,将来也可以看见。又如数学上的 $2+2=4$,这是铁真。这里不容丝毫假借。再从世界的历史来看,真理两个字也是颠扑不破的。凡是求真理的一定成功,不求真理的一定失败。科学如果不是求真理的,人类一定没有秩序。所以科学的教育可以不仅限于求学,也可推及做事,就是养成求真的精神,随时随地注重客观,不注重主观与感情。所以科学的目的是求真,科学教育的目的就是养成这种求真的态度。

这种求真的态度怎样才可以做到呢?这就是要用科学方法。科学方法分几段,第一步是观察。所谓观察是睁开眼睛看,看得非常仔细,非常清楚。观察后的第二步是分析,把不同性质的现象分开。然后第三步是归纳,把相同性质的现象,归成一类。这样把很乱的现象经过分析后归纳得有条有理,然后可以下一个判断,下一个结论,这结论便可成为一条定律。牛顿定律就是如此得来的。这些定律是从过去的现象中推衍出来的,现在可以应用,也可以应用到将来的变化上去,因为这是真的,现在与将来总是在一个真理之下变化的，而这个真理是永远不变的。这种应用科学方法所得到的定律，诸位在物理化学方面读到很多，而且准确得令人惊奇。譬如天上的行星是一个一个发现的，但是也有推算出来的，即是在它们还没有发现以前，就有科学家先下了判断，算出来应该还有哪些行星，及其如何运动，后来果然一个一个发现了。又如化学方面的原子，也有推算出来的，也是经过化学家预计应该有若干原子，并且断定其原子量，后来果然不出所料。这种未卜先知，并非玄妙，而是的确根据科学方法推算出来的，所以事情的发生可以和预计相同。像这样的例子在科学界不胜枚举，有了这些定律，我们可以预测许多事情。如工程师的设计在开始时，也只是一张图样，等到工程完成，一定和预计不差丝毫。又如造桥，也是先绘图，估计可以载重多少，等到造成以后，把这些重量加上去，这桥决不至于倒坍。为什么可以有这样的把握？就是根据过去的事实观察、分析、归纳，完全合乎真理，所以得到的结论也是真理。这就是科学方法，没有一步是假的，所以得到的结论也是真的；科学方法根据现在推断到将来，所以可以使科学发展到现在的程度。受了科学教育就可以得到这种科学方法。

研究科学一定要有科学精神。科学的求真方法是实践，科学精神就是实践的精神。这种精神第一是忍耐。我们希望发现一件事实，或是发明一种东西，需要有长时期的研究，也就是需要有长时期的忍耐。历史上有的科学家一生从事研究一样东西,或者有了结果,或者至死没有成功,但他一直忍耐地做。这种忍耐精神,是从科学中学到的。第二是勇敢。科学是求真的,所以看到不对的,必须有勇气去揭露它,攻击它;也必须有勇气支持真理,追求真理。历史上常有科学家与宗教家冲突,这就是因为科学家只问真假。只要是真的,即使只有一个人,也不怕去和多数人反抗。为了维护真理,不惜牺牲一切,甚至生命。科学家因为忍耐和勇敢而有了成就。第三,科学家是乐观的。因为克服困难便是一种快乐,所以科学家是乐观的,从不悲观;即使一生一世没有结果,也不悲观,因为他知道这是必须经过长时间和许多人的研究才能完成的,总可以完成的。科学家因为靠了这种精神所以才有成就。科学家因为有了这种精神,所以在历史上创造了许多伟业。求真、科学方法、科学精神这三点便是科学教育的使命,广义地讲,也就是一切教育的使命。这三点是研究学问所必需的,不限于在上课的时候,做任何事情都离不了这三点——求真、科学方法、科学精神。具备了这三点,就可以随时随地教育自己,而这三点比科学自身还要重要。

下面要讲科学是什么。狭义地讲,科学可以分为自然科学和应用科学,其实都是用的同样的方法、同样的精神,只不过研究的对象不同而已。如果研究的对象是自然界,便是自然科学,如天文、气象等;如果研究的目的是为人类服务,为人类谋福利,便是应用科学。至于广义地讲,如果研究是以社会为对象的,便是社会科学;甚至,如果将科学方法应用到文艺、艺术方面去,也可以称为人文科学。总之,只要是用的科学方法,一切学问都可以称之为科学。不过我们今天所取的是狭义的说法,把科学限于自然科学与应用科学,即大学里的理科和工农医科。

现在讲自然科学与应用科学。自然科学是应用科学的基础,诸位在中学读书,已经有了相当的自然科学的基础。自然科学以自然界为对象,自然科学家以自然界为研究的对象。自然科学家是不大注重功利的,他们只注重真理,他们把自然界的真理研究出来,这便是他们的使命。换句话说,他们是为科学而科学的。不过,这也只是说一时看不到他的研究的功利,对于未来,也许十年五十年后,可能发生很大的影响。如原子弹,很早就有人研究原子了,但是当初并没有想到原子弹,目的只是为了研究宇宙现象,却不料后来竟发生了这么大的影响。此外,如飞机及无线电的发明也不是一朝一夕研究出来的,而是由自然科学家经过多年的研究,到后来才把研究的结果加以应用,而自然科学家当初并没有想到后来会有飞机和无线电的发明。由此可知,自然科学家是求的真理,而应用科学家便是把这个真理拿来应用,所以自然科学是应用科学的基础。

应用科学的目的是为人民服务,为人类服务,即是将科学的真理与发明应用到人民的生活上,提高生活,增进大众的享受。也就是说,把自然科学的真理应用到人类必需的事物上去。消极地讲,应用科学是要控制自然。譬如大水,这是自然现象,应用科学便要设法防御,使不发生水灾。又如瘟疫,应用科学便要设法防治,使其扑灭。积极地说,应用科学还要改变自然。如建筑铁路遇到大山,必须穿洞而过,这就是改变自然。最后,应用科学更要征服自然。这里最好的例子是时间。如以前走路是很慢的,现在的飞机和无线电便把时间缩短了;同时,也可把时间延长,如人的寿命,现在的医学可以使其延长,这也就是延长自然界的时间。所以消极地讲应用科学的目的是控制自然,积极地讲是修改自然、征服自然。由于应用科学家的努力,我们才有今日的近代文明;这直接是应用科学家的努力,间接是自然科学家的努力。近代文明的提高、人民生活的改良,这些都是科学家的贡献。所以学科学的人,不管是自然科学或应用科学,一定都有这个感觉,即是可以对人类有贡献,研究科学,可以看到自己的努力,改善了大众的生活,增进了大众的快乐,岂非也是自己的快乐吗?

学科学的人,除了研究和实践两种任务之外,还有两种附带的收益:第一是时间与时间性的观念。学科学的人都对时间看得很清楚,晓得一秒钟的价值多大。天文学家计算星的速度,一秒钟,甚至一秒的几分之几,也不能忽视。还有时间性,如大水是有时间性的,什么时候发水,科学家看得很清楚。这对于我们一般社会来讲,尤其在中国,是非常重要的。我们一般人都对时间观念,一向不清楚。有时间观念的人是一秒钟都不放弃的,而无时间观念的人却是糊里糊涂度过一生。学科学的人都知道时间,看重时间,看重时间性,这种观念一般人都很缺乏,应该在科学教育中培养。第二是节省精力,不浪费精力。科学家都知道节省无谓的消耗,选择最有效最经济的路走。有的人不知道利用简单的方法,以致浪费许多时间与精力,这就是不懂科学所致。科学教育就是要使人知道如何利用最少的时间与精力来达到我们的目标,这一点是从实验室中体验得来的。

研究科学还有一个崇高的理想,就是广泛地为人民服务。我们知道应用科学发展到今天,和资本主义是相互为用的。资本主义帮助了应用科学的成功,同时应用科学也帮助了资本主义社会的发达;而结果就很自然地归趋到凡是应用科学对资本主义社会有利的,即得到发展,不利的即得到阻挠。就是说在资本主义制度下,应用科学没有发展的自由。我们常用的剃胡刀片,几天要换一片,但很早就有人发明了一种可以用一生而不必换的刀片;但是这种发明因为妨害了制造刀片的资本家的利益,他们于是就收买了这个发明的专利权,一直到现在还没有拿出来应用。又如留声片,五分钟就转完一片,但是很早就有人发明了一种可以转一小时的,结果也被资本家收买了去,直到老唱片卖完,现在才把这个发明取出公之于世。所以为全体的人民服务,应该是学科学的人的坚强信念。此外,更可以进一步达到一个更崇高的理想,就是使所有的人民都成为科学家,这也是学科学的人的一种责任。有的老百姓不识字,但他倒的确有科学脑筋,譬如烧菜的大师傅,虽然不识字,但是他菜烧得非常好,其中必有科学的奥妙。又如中国过去虽有指南针、火药等发明,但因为这类学问都是无系统无组织的,所以都没有成功为科学。我们如果能使社会上的人均成为科学家,均能求真,使整个社会科学化,这便是达到学科学的人最崇高的目的了。这是一个很重大的任务。我们如果能把科学自由发展,普遍为人民服务,我们还可以进一步地使人民为科学服务。譬如以前我们只知道太阳系有八大行星,而现在则有九大行星,这个新行星就是冥王星[①],这是一个乡下农民发现的,这就是人民也可为科学服务了。所以由这种种方面看来,科学家的

① 目前冥王星已属于矮行星。

任务是非常重大的，而且是非常快乐的。我很希望各位将来进了理工农医各学院，均能学会科学方法和科学精神，在其他文法商学院读书的，也能研究科学方法和科学精神。这种科学方法和科学精神的成功，才是我们事业的真正成功。

原载 1949 年 8 月《科学》第 8 期

实事求是的工程师

今天到北洋来,是解放后第一次,也就是最近三年的第一次,感到非常愉快。三年中,我们国家,起了很大的变化,在历史上有了空前的进步,从黑暗走向了光明。三年来,北洋大学也是从黑暗走向了光明。诸位现在是在光明中受教育了,不是像以前在黑暗中摸索了,我想大家都感到非常愉快!

自解放后,我非常关心北洋的情况,在北京常见到北洋的同仁,知道大家都非常努力,都是在光明中奋斗!为了我们新中国的建设而奋斗!我相信诸位觉得在北洋读书,是一件很光荣的事,在中国的高等教育中,历史最悠久的就是北洋,因此社会上给北洋加上一个尊称,叫做“老北洋”。它的确是老,然而并不落伍,它的校友,对祖国有过很大的贡献。北洋如何能老而前进呢,就是因为北洋有四个字校训“实事求是”,而这四个字就是前进的表示。教员是实事求是的,学生是实事求是的,校友是实事求是的,因而促进了学校的进步。

为什么实事求是是前进的表示呢?

实事求是的第一个意义,说明了学工程的人,及做工作的人,应有的态度及作风。在政治学习中,大家都读过毛泽东同志的一篇文章《改造我们的学习》,论到主观主义态度及马列主义态度,其中说中国共产党人的态度,就是实事求是的态度。“实事”就是客观存在着的一切事物,“是”就是客观事物内部联系的规律性,也就是真理,我们要从四周的事物,来了解事物内部的规律,就是“求是”。有了实事求是的态度,就能学会马列主义“理论与实践结合”的作风,有了这种作风,就能进步。这四个字也就是唯物主义精神,是它第一个基本特征的应用。

实事求是的第二个意义,说明了工作的任务,尤其是学工程的人的任务。工程师要能够理论与实际结合起来,这是我们共同纲领中规定的教育方法。过去的教育,确实是与实际脱节的。我们的校友,在建设上的工作成绩,是很大的,这是因为他们能把理论与实际结合在一起,然而在学校里的教育就不同了。这不只北洋如此,全国各大学全是如此。这是受了过去封建余毒的影响;过去重文轻武,偏重书本,以前进学校说成“读书”，就是重视书本知识，这是很容易与实际脱离的。而且过去工程学校的教本，多半是外国人写的，当然是更与中国实际脱节的。我们过去的教育制度，是抄袭英美的，而英美是资本主义国家，所训练的大学生，要他成为“通才”，在学校中，不过给他一种工具，而要他在毕业后选择他的职业。大学四年，本来是很短的，也不可能造就通才。然而因为要造就通才，就把专业化忽略了。现在各大学中各系，多有分组办法，但还不够专业化，就是受了过去训练通才的影响，与实际一致，就发生困难。英美的学生是毕业后再联系实际，学校中是偏重理论的。也许他们学校中设备充足，可以了解一部分的实际情况，但对“现场”，仍是不够了解的。等到毕业后再与实际联系，当然也是一种办法。在过去，我们大学的毕业生，分发到事业机关，要实习一两年，方能担任正式职务，就是这个意思，但这样的实习生制度，是不经济，而且做不好的。我们现在的要求，是要学生在毕业以前，就能将理论与实际结合，因此，在毕业以前的实习，是更为重要。但在工厂与学校间，还有一道鸿沟时，实习也不容易做得好，除非预先有了解，学生毕业后就到那实习的处所服务。

因此，我们各大学，现在就要逐渐地改革，改革的目标，是要学生在毕业以前就能做到理论与实际一致。这是高等教育的任务,也就是实事求是的第二个意义。

实事求是的第三个意义,是强调"理论",就是实事里一定要"求是"。理论的重要,学科学的都知道,科学的发达及工程的进步,都是理论推动的力量,若没有正确的理论,科学的发达,不会到今天的这种程度。今天进步的程度,很多事情已做到"未卜先知",如建桥,可以知道完工后钢梁里有多大应力、多大挠度,计算的结果可以进行测验的,而量出的结果,一定是与计算吻合。各种科学中都可以见到理论的效果,如历史上海王星及元素周期表发现的例子,都表示出理论的重要。

实事求是的第四个意义,是重视"实践",就是要在"实事"里求是。很多的理论是拿实际作根据的,如牛顿力学定律,绝不是凭空想出来的,而是从实验得出来的。如三角形可以代表力的分解,就是完全实际的情况,并非理想得来。就是纯粹的科学,也与实际有关系,如数学里最小二乘法的或然率,就是以事实为根据。物理及化学,也是全以实验作根据的,水力学里的公式,都有系数,而系数都是由实验得来,因此可以见到实际的重要。

过去的同学,多重视理论,而忽略实际。无论哪一门功课,数学多的就喜欢,数学少而实际多的如材料学、水文学、地质学等就不太喜欢,这也是与实际脱节的一种现象。

实事求是的第五个意义，是要求理论与实际结合，就是将是的实事与实事的是统一起来。实践可以验证理论，但理论举一反三，可以预测实际，因之理论扩大实践的范围。理论不是凭空想出来的，是从实际中发现了问题，加以研究而得来的。经此研究，理论往往更提高一步，因之实践提高理论的水平。

理论与实践的关系，如同将一堆石子，堆成一座塔，如希望堆得高，底盘一定要大。实践多了，理论水平也就高了。我们要注意到理论的重要，但不可认为实践不重要。工程教育中以理论为唯一的基础，对不对呢？反过来谈，若以实践为唯一的基础，对不对呢？

从理论得来的数学公式无其数，为什么工程里只用这几个而不用那几个？就因为这几个是可以用到实际中去的。究竟理论是基础，还是实践是基础？是很难答复的！不如说理论与实际全是基础，也全是工具。

以造房子来比喻，房架就是理论，门窗户壁、砖石木料就是实际，如配合得好，就是一所好房子。也就是说，理论与实际结合得好，才能完成很好的任务。要造一所很高的房子，就需要高大的架子，及很好的材料及门窗。要理论与实践结合，在工程中不要偏重一个，假定只有实践没有理论，就如只有门窗砖石而无房架，如何能造屋？若是只有理论而没有实践,就如同一所房子只有空架子,那是更无用处了。

如何能做到理论与实践一致呢?如何能实事求是呢?这里有两个主要的方法:

(1)要劳动——工程师要是不知道劳动的重要,就不能实事求是。现在每位看报,到处都见到在生产建设上有了特殊的成就,梦想不到的成就,这就是靠广大的劳动人民。土木、水利及各种工业,天天都在进步着,如最近治淮工程,不但发动了当地人民,而且连华东各大学的教授和三、四年级的学生都发动去参加了。劳动的重要,自不必多讲。我只想说明一点,就是劳动非妄动(无计划),非乱动(无步骤),更非暴动(破坏性),劳动是有计划、有步骤、积极性的、不间断的动,那才能有创造。有创造的动,才是劳动。劳动就是创造的资本,而且是科学性、积极性的资本。不但自己劳动而且要深刻了解劳动的意义。这是实事求是的第一个方法。

(2)要学习——我们天天学习,就是为了要实事求是,这里包括两件事,一是"学",一是"习"。学是为了理论,习是为了实践。也说明理论与实践,非统一不可。有的理论如数学,关起门来也许可能学得会,但是一般的理论就不是只是学就能全会的。有时习比学还重要,如骑自行车,看多少书也不会,但只要真的骑上去就很容易地学会了。"学而时习之"是先学而后习,应补充一句"习而时学之",来说明很多先习而后才能学会的东西。要把理论与实践结合一致，才能叫学习。“学以致用”这句话是先学而后用，但也可补充说“用里面可以求学”。我们培养人才，不一定要在学校里，就是在各种企业里，在工矿企业里也可培养人才。所以学习是实事求是的第二个方法。

诸位都知道，新中国的建设，是一个伟大的工程，大家将来全要参加的，大家就要以实事求是的态度及作风来完成实事求是的任务，新中国前途是光明的，是无限的，工程师是与自然界做斗争的，征服自然的。在光明的国家里，与自然界做斗争，是一个何等光荣的任务。北洋是一个实事求是的学校，诸位在校中做实事求是的学生，将来一定做实事求是的工程师，我预祝各位在新中国建设里都做光荣的实事求是的工程师。

原载1950年10月《天津工程》第5期

业余教育中的教学计划和有关问题

为了大量培养技术干部,不断提高他们的科学技术水平,应当“大力加强职工的业余教育”,“举办业余高等教育”,动员“干部学习自然科学”,“努力培养建设干部”,这在《人民日报》去年 11 月份以来的几篇社论里,已经说得非常透彻。对于举办业余教育应当注意的关键性问题,如组织领导、教育方针、动员社会力量、保证学习时间等,社论里也提得非常具体,都值得我们有关各方认真研究。现在想就业余教育中的教学计划和教学效果问题,提供一些意见,作为举办业余教育的参考。

这些问题的解决是贯彻教育方针的必要步骤,然而有关各方对此并没有一致的认识。譬如,业余教育本来是多种多样的:业余技术学校、各种业务临时训练班、夜大学、函授学校、科学技术普及讲座等,都是业余教育;但是这些不同的教育形式却分别由企业系统、高等学校或社会团体来负责举办。于是这些教育中的教学计划以及课程、教材等也就彼此互异,大不相同。但是,业余教育是应当经常化,而且更应当正规化的!上面这些不同性质和程度的业余教育,就一个受教育的职工来说,如何能连贯起来,成为系统教育呢?这是一个问题。其次,自然科学本来是和生产业务具有极密切的关系的,然而很多职工把业务学习和自然科学的学习对立起来,认为自然科学是“远水”,“远水不解近渴”,只有业务学习才能解决生产中的实际问题。我认为这种看法并不奇怪,有它产生的原因。这就是一般现行的业余教育,自然科学的学习是和生产业务脱节的。他如要学习自然科学,就只能放松生产业务,如要抓紧生产业务,就不得不放弃自然科学的学习。工人干部要学习数学,就必须要从代数、几何开始,学习物理,就必须要从物体的运动开始,而这些和他当前生产业务的关系,并不是息息相关一望而知的。以我看来,在业务学习和自然科学学习之间,本来应当有一座很好的桥梁,通过这座桥梁,就可很自然地把业务与自然科学联系起来而丝毫不觉勉强。这座桥梁就应当具体表现在他所学习的课程和教材的选择和安排上。这是又一个问题。再次,业余教育是以有职业的职工为对象的,不像普通教育是以未就业的青年学生为对象的,而在每一企业系统中每一时每一地的职工,他们的业务总是多种多样的,把各种不同业务的职工聚拢起来进行集体的业余教育,其结果不是职工脱离业务去凑合教育,就是教育一般化去凑合职工,而这两种凑合都是不对的,纵然坚持,也是不能持久的。以我看来,业余教育应当把同业务、同工种、同程度、同工作条件(如日班或夜班)的职工组织起来,分别实施,这样才能便于教学计划的拟定和课程、教材的选择,而在一般现行的业余教育中,却远远未能做到,这又是一个问题。

以上三个问题产生的主要原因,我想,就是把业余教育看成是普通教育或专业教育的一种形式,并且把普通学校的教育方法看作是一成不变的、唯一正统的教育方法;如果要把业余教育正规化,就一定要采用普通学校的课程和教本,只不过在学习时间、学习制度上加以变通而已。这种看法显然是错误的,因为普通学校的教育是为脱产学习的青年学生制定的,但业余教育则是为在业职工的不脱产学习而设置的,这有业无业的重大区别如何能不在教育的内容和方法上有所体现呢?我们都承认,教成人识字不同于教儿童识字,因为平常所谓文盲的人,往往仅是盲于字而非盲于知,有了知识而学字是应当比较容易的。同样,在工作岗位上的工人或干部,对于担任的专门业务已经有了一定的知识和经验,并且时常不自觉地认识到自然界许多事物的内在联系,只是不能系统地了解其中的科学道理,也不能举一反三,把感性知识上升为理性知识。他们对于接触到的自然界现象,已经知其然,只是还不知其所以然。对于他们的业余教育,就应当在他们已有的感性认识基础上,针对着不同的上升途径和速度,提到相应的理性认识的高度,以便用理论形式来反映他们所已了解的客观事物的发展规律性,然后再从这样的理性认识,体验尔后更高阶段的感性认识,如此结合业务,螺旋上升,应当是业余教育的基本方法。

在一般学校中的所谓正规教育是如何进行的呢?在那里有几个基本原则,表现在学科的内容和程序上。首先,各种课目是按学科性质来分门别类的,如数学一门功课,内容便完全是数学,再分为代数、几何、三角等类。每类内容一律以数学理论为系统,为骨干,而以实际事物作举例说明,并且这些举例是零碎片断,毫无联系的。因此,学习数学的目的,就是为了理解数学的理论,对于没有实际经验的人,就好像是为了学数学而学数学一样。其次,各种课目的安排程序,都是从以理论为基础这一观点出发的,在解释一个现象时,一定要先穷源探本,从最初的来历说起。因此,在中等职业或高等专业学校里,基础科学如数学、物理的课目都一律安排在前,技术理论的课目都安排在后,其结果,在学习基础科学时,就不能充分体会这些课目对于专门业务的重大作用,必须等到将来参加实习或工作时，才能领会到为理论所武装的可贵，举一反三、举三反九的可贵，然而由于过去认识不清，学习无兴趣，不自觉，不主动，已经造成了许多损失。再次，从近代教育的发展历史来看，文科创办最早，理科其次，最后才出现了专业技术的学科，因为专业技术是直至工业发达以后才被重视的。然而学校教育已经定了型，有关专业技术的课目就不得不在原来文理课目之外附加上去，因而都被列入最后几个年级。后来工业进一步发达，技术分科更精，应修课目既非一两年能完成，因而有各种专业的设置，但前几年有关基础科学的课程，在各专业内还是大体相同的。然而专业的划分，无论如何精细，总还不能满足现场成千上万种的业务的要求，所谓专业训练，实质上还只能是造就该专业的通才，还不能真正密切结合到将来的复杂的具体任务。因此，一般学校的专业教育是从自然科学的理论出发来了解生产企业中的技术业务的，是从知其所以然到知其然的，是先有了一把钥匙，然后再去找箱子开锁的。如果这把钥匙确是有许多箱子可开，那当然是很好的，但是现场上的箱子，千百万种，只靠这把钥匙，总还是不能全开的，对于不能开的箱子，还是要配钥匙，还需要业余教育。以上三种基本原则：课目分类按学科系统而非业务要求，授课程序从基础科学到专业理论，教育目的是为每一专业造就通才，说明了一般学校专业教育的特点，而这些特点对于生产企业中的业余教育都是完全不适用的。

生产企业中的业余教育应当如何进行呢？首先，学课的划分应当以生产实际中的业务系统为标准，而不应以生产中科学理论的系统为标准。业余教育的目的是提高理论，但所提高的理论应当随时结合业务的发展，而不是结合理论本身的发展。如对一位驾驶铁路机车的司机来说，他的学习课目应当从他所驾驶的机车开始，分别学习与机车构造直接有关的一切综合理论，而不是孤立地学习一般学校课程中的热力学、动力学、机械学、电工学等，因为这些学课是以理论系统划分，每种学课是可以适用于铁路机车，也可适用于公路汽车或水上轮船的。既然都可适用，其内容当然就不可能十分具体而且必然是广泛的了。切合业余教育的学课，虽然应从工作任务出发，但几个互有关系的学课的理论内容，讲到科学，必然会有联系，在这联系上殊途同归，还是表现出一套理论系统来，不过这个系统是以生产实际中的事物联系表现为系统的根株枝叶，是具体的，不比普通学科中的理论系统是以数学符号表现为系统的根株枝叶的，是抽象的。其次，各种学课的安排次序应当结合到工作需要，以便逐步提高技术水平。仍以铁路机车司机来说，他所要求的是一面提高驾驶技术，进而能改善机车行驶运转的效能，最后懂得会做一个机车的设计;另一面是要能了解机车的构造原理,进而学习蒸汽动能、燃煤效率、牵引阻力以至物理、化学和数学。他所能接受的学课是应当从他最熟悉的机车开始,通过专业技术学课的桥梁,一面提高业务,一面在实践的基础上验证理论,利用理论并提高理论。这就是从知其然到知其所以然,是普通学校学习程序的彻底变革。再次,业余教育的目的应当是从一种生产中的某一工作岗位开始,逐步训练,使能上升到该专业的最高岗位,同时扩大业务范围,进而培养成为该专业的通才。再以上述铁路司机为例,通过业余教育,不仅应能把他训练成为操纵机车的能手,而且应能把他培养成为修理和制造机车的工程师,同时也可胜任领导铁路机务的行政干部。这所以成为可能,是因为提高理论,是以生产业务和科学技术紧密结合进行的。

根据上述见解,提出业余教育中教学计划的具体内容如下:

(1)课程 学课按内容和程度,应当分得非常之细,使在生产企业中任何工作岗位上的职工,都可从某一学课开始,按照一定教学计划,逐步提高,从他本身业务中的技术理论,逐步过渡到基础性的自然科学,而不是凭空从数学、物理开始,最后才学到他所熟悉的业务。这些学课当然应当按照企业性质分为若干类,又按程度深浅,分为若干阶段。教学计划的原则是从今天的业务实际出发,分别向业务更高阶段和科学更深阶段的两个方向发展。这两个方向是统一的,因为更高业务就需要更深理论。同时,采用这种程序也才能适应科学技术的最新成就,因为最新成就表现于现在业务,而学习就是从现在业务开始的。

(2)教材　业余教育的教材应当采用活页小册子的办法,每一小册子只讲一个具体内容,包括理论与实践。同一学课可有不同程度的小册子,同一程度的小册子也可有不同的学课。这些小册子,按照某一系统汇集起来,就成为某一学科某种程度的教科书。这些教科书应当和现行的一般学校的教科书大不相同,但从理论水平讲,则应没有分别。编写这样的小册子应当是业余教育中最繁重的准备工作,必须先由本系统的高级技术人员会同有关教育部门,就本企业的需要,拟定教学计划、课程表、教学大纲,然后再分门别类,约请专家编写。等到各有关企业都有了教材,就可以再编成殊途同归的基础科学教科书。

(3)师资　生产企业的业余教育,规模庞大,所需师资绝非教育部门所能提供,必须从企业中比较有根底的技术人员中选拔和培训。至于实施业余教育时对学员的辅导,应当采用分组互助的办法,每组以程度较高的帮助程度较低的,这样帮助,对于大家也是一种提高。此外,按照计划,在一定时间，应当由教育部门派遣专业教师，对学员进行检查鉴定，举办统一的考试。

(4)学习　每个学员应按其业务内容和工作条件，特别拟定他个人的学习计划。学员自学，应集体进行。在学习场所经常配备适当师资，以备随时解答问题，辅导作业。学员人数过多时，辅导工作可采用分层传达办法。

(5)教学设备　应充分利用当地学校、图书馆、展览馆等设施，以社会力量辅助企业本身之不足。

实施上述方案，就是要以生产中的实践为串，自然科学为贯，用科学去贯串实践，把实践中的体验变成巩固的理论知识。以上方案，容有不妥之处，还请教育专家和有关各方批评指教。

1955 年

业余教育要能利用业余的优越性

——对工业方面的业余教育的一个建议

据我平时了解以及最近视察所得,现行的工业方面的业余教育中是存在着一些严重问题的,主要由于课程划分、授课程序乃至所用的教科书都和一般的普通专业学校大致相同,所不同的只是课程有些减少,上课时间改在夜晚,毕业期限拉长几年而已。这些问题的产生是由于不自觉地受了传统教育方法的影响,因而不经彻底研究,是不易解决的。

在一般的普通专业学校中,授课程序都是从自然科学开始,然后到技术科学,最后到专业知识。尽管程度有中等高等之分,这种程序都是一成不变的。业余学校也采用了这种授课程序,因而产生了以下的后果:

(1)既然自然科学在前,任何职工,不问他的技术经验如何,他的业余教育就必须要从数学、物理、化学等基础性的自然科学开始。这些多半是抽象的理性知识,与职工们亲身经历所得的感性知识,是很有些距离的。他们不可能立即看出这些自然科学和他们的生产业务具有如何密切的关系,因而也不可能立即得到对他们的生产业务的帮助。虽然职工们在开始学习时情绪是非常高涨的,但是学来学去,都好像是在另一个世界里,白天工作是一套,晚上上课又是一套,不能把两套连贯起来,互通有无,这怎能使他们不感到彷徨呢?他们也知道,这些科学知识是基础,将来对自己的业务有极大作用,但那是“远水”,而目前业务是“近火”,“远水如何能救近火”呢?在这种思想情况下,业余学习就很难坚持下去。

(2)企业中的任何一个职工,一般说来,他的技术经验和文化水平往往是不相称的,多数是经验多而文化低。业余学校的编班是以文化分高低,而不以经验为标准的,因而同班学习的职工,在同一课目上,由于经验背景不同,吸收的情况就大有差别,彼此牵制,影响到教学进度的统一。遗憾的是,技术经验丰富而文化程度低的人,多半是年龄较大的,对于自然科学的学习,格外感到困难,而这自然科学正是业余学校的第一课,这迎头一棒,如何能使他不望洋兴叹呢?

(3)业余学习的职工,白天在生产企业工作,晚上在业余学校上课,一天只有这么多钟点,叫他如何能适当地挤出自修复习的时间呢?如果没有自修复习,所学功课,如何能消化?现在业余学校上课时间,比起普通专业学校少得多,但毕业期限并非成比例地延长,加上自修时间不够,那么,业余学习的毕业水平比起脱产学习的毕业水平,如何能相等呢?当然,业余学校的课程,有些减少,但减少的多半是业务课,是职工比较熟悉的,因而所省时间,是不成比例的。由于业余学习有了毕业期限,而毕业水平要向脱产学习的看齐,但学习时间不够,就产生了赶任务的现象,以致学习情况紧张,学习质量下降。

(4)职工在企业中的技术经验是随着企业发展而日益增长的。他们所接触到的新技术,日新月异,从实践中体会来的感性知识,日积月累,这些从工作中学习得来的东西本来是极可宝贵的,这种学习也就是一种教育,不过所得知识零碎片断,没有理论系统,不能构成一种基础来提高他们的科学水平。业余教育就应当针对这种情况,和职工在工作中的学习,很自然地、紧密地结合起来,把业余学习当作工作中的学习的延续。然而现在业余学校中的学习课程是不随着职工的技术经验的增长而进展的,而是随着科学理论的发展而进展的。学校课程不能和职工的技术经验齐头并进,业余学习与工作中的学习分割成为两件事,这就长期地影响到职工的学习情绪。

这些情况的产生,在于把业余学校和普通专业学校混为一谈,把普通专业学校的教学计划和课程大纲,几乎原封不

动地硬搬了过来,把业余学校办得像普通专业学校的一个夜班一样。这显然是不合理的。因为:

(1)普通专业学校的教学计划和课程大纲是为脱产学习的青年学生制定的,业余学校是为有生产业务的职工的不脱产学习而设立的。这有业无业和脱产不脱产的重大区别如何能不在教育内容和方式上充分表现出来呢?我们说业余教育,这“业余”两字不仅指业务所余的学习时间,而且应当兼指业务所余的一切有利因素,因而这种教育应当取业务之所长而补其所短,以业务之有余来补教育之不足。什么是业务的“有余”呢?就是上面所说的职工从工作中所吸取来的技术经验和感性认识。不能把职工的这几点长处在教育中充分利用,不能把职工的这种“带产”学习(有别于脱产学习)的优点在学校里充分发挥,那就不成为业余学校而变为“无业”学校了。无业学校是为脱产学生而设的,有业的职工是不应当进入无业学校的。

企业中的职工,通过生产工作,是已经有了一定的科学知识和技术经验的,他从与自然界许多事物的接触中,已经摸索到一些客观规律,但还不能举一反三,更不能从定性知识扩展到定量知识。他们已经有了一些知识和经验的累积,但无理论来贯串知识,以便分析和总结这些经验。因此,对于他们的业余教育就应当从他们的现有基础出发,把他们的感性认识,以不同的上升途径和速度,提高到相应的理性认识阶段,然后再从这样的理性认识,体验生产业务中的更高阶段的感性认识,如此结合实际,螺旋上升,应当是业余教育的基本方法。

(2)普通专业学校所采用的教育方法是如何的呢?在那里,有三条基本原则表现在教学计划和授课程序上,而这三条原则对业余学习都是不相宜的。

首先,课程是按照学科性质而划分成系统的。在自然科学,就有数学、物理、化学等,在技术科学就有结构学、热工学、电工学等,其目的是把生产领域内的各样知识,在科学理论上,按着性质接近的程度,逐步分析为各种学科,掌握了学科,就得了一把钥匙,来开启生产知识的宝库。但是,由于学科是个别分析的结果,没有成套的多种学科在一起,就不能在生产业务中发挥作用,来满足迫切需要。生产业务所迫切需要的科学知识有三个特点:一是综合性的,因为生产业务的知识是多种技术科学知识的综合,而每一种技术科学又是多种自然科学知识的综合,哪怕是极简单的生产也有数学、物理、化学的道理在内;二是深浅不一的,在某一阶段,对各种学科的需要,不但多少不一致而且程度也不齐;三是定性的先于定量的,要先知其本质再求其数量上的关系。这些特点,在按学科性质划分的课程里,就都无法实现了。比如数学这门课程,按系统分为代数、几何、三角等,在学代数时,尽是代数,要等代数学完再学几何。但对业余学习的职工来说,几何初步知识是和代数初步知识同等迫切需要的。同样,学物理要先学力学中的定量知识,而电学、光学中的定性知识却是很后的事。此外,由于按学科系统划分,每种课程里的举例说明,虽然是为了要联系实际,但仍不可避免地会强调其本科的重要,而显得零碎杂乱,看不清与其他学科的关系。至于按学科系统划分而写出来的教科书,自然而然地会有些"学院"气息,顾不了职工群众所熟习的语言,就更可想而知了。

其次,在普通专业学校里,课程既按学科系统划分,授课程序就要以学科为先后,这个先后次序,按照传统观念,是以科学的历史发展为根据的,比如现代生产企业是各种科学的应用的结果,因而在课程里,讲专业知识之前要先讲技术科学,而讲技术科学之前,更要先讲自然科学,好像自然科学是一切生产技术的来源一样。然而生产技术的来源并非全是自然科学,而讲故事也不一定只有一个讲法。在业余教育里,为什么不能把科学故事倒过来讲,从现在讲到从前呢?这不但使听的人感到亲切,而且更可深透地理解分析。职工的现在,就是他们已有的知识和经验,在业余教育里,就应当从他们迫切需要的专业知识讲起,然后到技术科学,最后到自然科学，也就是把生产业务中的综合知识，分析“放射”为各种技术科学的知识，再把这些技术科学的知识，分析“放射”为各种自然科学的知识，然后再把这些知识按照学科，加以系统化。这是开始阶段。以后，随着他们的知识和经验的进展，再从新的专业知识，讲到较高的技术科学，到更深的自然科学。如此分阶段地进行，在每一阶段里，都是从感性认识到理性认识，从知其然到知其所以然，应当是最适合业余学习的。这是普通学校里传统教育方法的大翻身，是先理论后实践、先“基础”后实用、“学以致用”“学而时习之”等传统观念的大翻身。

再次，普通专业学校，像普通综合学校一样，也分为高等、中等、初等，中等技术学校修业期限是三年，高等工业学院是四年或五年。学生不把这规定期限内的课程读完，不算毕业，如若半途而废，则前功尽弃。专业学校更有不同的一点，即中等高等之间，没有连续性，不像普通中学是可以升学的。现在，业余学校也依照普通专业学校的分级办法和标准，按固定年限分为初等、中等、高等，并且连带地也把各级分割，不能连贯升学，这为的是什么呢？其实，企业职工的业余学习是有明确目标的，即是提高科学技术水平，来逐步担负更高一级的工作，最后能达到本身企业中的工程师。因而，他的学习课程，就可照着他现在所担当和将来可能担当的工作来规定,这是不会有多大困难的。如果要把学习期间分成初等、中等、高等三个阶段的话,那么初等毕业标准应当是高级技工,中等毕业标准应当是低级技术员,高等毕业标准应当是低级工程师。由于各人的学习条件不同,每一等的毕业期限,不必预先规定,假如需要学习同等水平的第二种技术,也可延长毕业。可以看出,既然岗位工作,从技工到工程师,是有连续性的,那么,这样的业余教育,从初等到高等,也是当然有连续性的了。这样分等,虽不同于像普通专业学校以文化程度为标准,但实际上,由于科学水平的提高,文化程度也是必然会相适应的。这样,一位职工,不论他的科学水平如何低(当然小学的文化程度是必需的),只要他进入业余教育的系统,坚持学习,就能使他逐步上升,不论需要多长时间,最后达到高等教育的水平。当然,这并非说,任何职工都能大学毕业,各人有各人的条件,然而业余教育应当为他铺平道路,只要他肯走能走,就能达到最后目标,似乎是没有问题的。

以上是普通专业学校在制订教学计划时所采用的三条基本原则。这些对于业余教育,都是不适合的,因为业余教育有它本身的优越性,因而应有它自己的一套基本原则。

业余教育的基本原则是如何的呢?现在提出我的个人意见,希望得到指正。

（1）课程划分，主要应当以生产所需的材料和工具以及生产出来的成品为对象，因为这些都是职工最熟悉的东西，职工对它们已经有了感性认识，甚至初步的理性认识。比如在钢结构工程里，大至整座的桥梁，小至一根杆件、一个铆钉，连同制造过程中所需的各种大小工具，就都构成程度和范围不同的各种课程。每一课程里都有专业知识、技术科学和自然科学，从整体到零件，从表面到实质，从具体到抽象，按业务需要来规定其教学水平。每一种业务所需的课程，当然极其繁多，但同时学习的课程，可以少至一两种。各种课程的学习期限，不必一律，少则一星期，最多一个月。从表面看来，拿各种工具来说，好像这样学习来的理论是零碎杂乱的，但在同一专业内各种工具是彼此有联系的，既然生产专业有系统，这些工具就也有系统，因而内在的理论也必然是有关联而成套的，在每一学习阶段的各种课程也是会成套的。在这成套的理论中，如按技术科学和自然科学来划分，也可得出各种学科，如同普通学校里的系统一样，但不可能有同一完整的程度。这个缺点是可在学习的后期来弥补的，就是加授各种技术科学和自然科学的辅助课，将各课程中所讲到的每一门学科内容，归纳在一起，加以系统化，然后再做补充，使每一学科的学习内容，能够完整到与它水平相适应的程度。像这样学习还另有两个优点，一是对“边缘科学”的学习，比较周全，二是对各学科的作用可有比较完整的概念，这就使各学科横的联系和直的系统都更加显明，因而可以把它们融会贯通起来，对它们“懂”得更为透彻。

（2）各种课程的安排次序，在每一学习阶段，都是把简单的、和业务最有直接关系的排在前面，复杂的、理论较深的排在后面；在每一课程内，都是专业知识在前，然后到技术科学，最后到自然科学。比如在钢结构工程里的一位铆钉工人，他的业余学习就应当从他每天接触的铆钉、铆钉枪和铆钉炉开始。铆钉这种生产材料和铆钉枪、铆钉炉这两种生产工具就成为他的三种学习课程。这些课程完了，就可接着学习钢杆件和联结板的制造、型钢的性质与强度、结构框架的用途与强度等，最后到整座桥梁或钢厂房的设计。学习时尽量避免内容的重复。在这些课程中就贯串着结构学、冶金学、电工学、材料力学、力学、数学、物理、化学等学科。这就是在实践基础上来认识并验证理论，用理论来贯串实践。

（3）业余学习应当有连续性、灵活性而且是正规化的。仍以上述的铆钉工人为例，在学习了理论后并随着业务需要，他就可有横的和直的两个方向的发展。横的方面，他可能到钢结构工厂，或与铆钉有关的钢铁冶炼工厂，或与铆钉枪有关的风动工具工厂，或与铆钉炉有关的熔铸工厂。直的方面，如果他到钢结构工厂的话，他就可以最后学习到整座钢结构的设计、制造或安装。他在业余学校中应学的课程，当然很多，这些课程可按生产系统，分成许多小阶段，再按理论程度，分成若干大阶段，如果是三级，那就和普通专业学校的初、中、高三等相适应了。这位铆钉工人如能培养到高等毕业，他就能设计钢结构，因而成为钢结构工程师。这所以成为可能，是因他在实践基础上学习理论，所得理论是结合实际的而且是完整成套的，因而是巩固的；掌握了巩固的理论，就如虎添翼，可以飞跃前进了。

要实现上面所说的业余教育的三个基本原则，需要有适当的教育制度和教学条件来保证。

(1)要能有个人的学习计划，因为业余学习的职工的情况是多种多样，如果集体开班，就要以同业务、同工种、同程度、同工作条件(如日班或夜班)的职工为对象，而这在一般中小企业里是比较困难的。因此，函授学校是业余教育的最好方式，最能贯彻个人的学习计划，体现结合实际的精神。

(2)要在课程大纲内保证自然科学的学习的完整，这完整当然是指业务的需要和学习的阶段而言。上面提出的授课程序，在每一学习阶段内，都是专业课在前，自然科学课在后，丝毫没有轻视自然科学的意思，相反地，正是为了学习更巩固，才把它们放在最后；然而也因为在后，就有可能匆促结束，影响到内容的完整，因而要强调指出其重要性。

(3)要有各种业余教育专用的教科书，因为普通学校的教科书是不适合业余教育的基本原则的。最好是用小册子，每册只讲一个具体内容，如铆钉，包括理论与实践。同一课程可有不同程度的小册子，同一程度的小册子，也有不同程度的内容。这些小册子，按照某一系统聚集起来，就成为某一学科或某一专业的某种程度的教科书。这些教科书的编写方法是和现行的一般学校的教科书，大不相同的，但理论水平应当一致。编写这样小册子式的教材，是业余教育中最繁重的准备工作，是要由有关生产企业中的高级技术人员会同教育部门来担任的。

按照上述的原则和方法来进行业余教育，就充分利用了“业余”的优越性，同时也就看出这种教育并非补习教育，或辅助教育，或速成教育了。业余学习是艰苦过程，并无捷径可走。当然，它同样地可使你攀登科学的最高峰！

附记：本文建议，学习应结合实际，从实际深入理论，并无轻视系统理论之意，因而不可与医学上所谓“王斌思想”混淆起来，稍加分析比较，即可辨别清楚，请注意。

原载1957年2月12日《光明日报》

对业余教育问题的几点补充说明

——敬复张健同志

张健同志在3月5日《光明日报》的《业余教育不能大翻身》一文里,对我在2月12日《光明日报》上发表的《业余教育要能利用业余的优越性》一文(转载于《新华》半月刊1957年第5期)提出了不同意见,我非常欢迎。现在简要地答复一下,请张健同志指教,并乘此机会,对我原文中说得不够清楚的地方,再做几点补充说明。

张健同志的不同意见,主要可分为下列几点,我很了解这几点意见并非张健同志一人所独有,在我答复以后,可能引起教育界更大争辩,这对业余教育是有很大好处的。

(1)张健同志认为:“从哲学上来说,认识过程一般地是由具体到抽象,从感性知识到理性知识,从实践到认识,再从认识到实践。但是,教育内容顺序的排列和教育方法的运用,就不应机械套用这种公式。”他又说:“教学内容上由抽象到具体和教学方法上由具体到抽象，正是教学过程中辩证统一的过程。”他的意思是说，教学方法可以由具体到抽象，但教学内容则必须从抽象到具体，他这里所说的教学内容就是课程的顺序排列。他认为课程顺序按照从抽象到具体的排列是教育上的“客观规律”，是“数千年来学习的经验证明的”，因而不应机械套用哲学上所谓认识过程的公式而加以改革，也就是说，课程顺序“不仅可以由具体到抽象，而且也可以从理性认识到感性认识”。我不否认，课程顺序可以从理性认识到感性认识，这正是“数千年来学习的经验”；就是对近代的工业教育来说，从自然科学到技术科学，最后到专业知识，也就是这个“客观规律”的应用，而且应用的结果还是很好的，因而产生了许多大科学家、大工程师。但是，有一点不能忽视，这样的课程顺序是为了脱产学习的学生制定的，他不到毕业以后是不从事生产的，他所学习来的经验，是到了毕业以后才与实际结合的。因此，他对新事物的认识，几乎是完全从书本中得来的，所以，在旧社会里，学习就叫作读书。当然，书是必须要读的，一个人的精力有限，在他全部知识中，可能只有极小部分是经过亲身感受而来的，比如学习历史、地理，有多少知识能从感性来呢？然而，我们也不能否认，经过亲身感受而得来的知识是格外巩固的，历史、地理虽不能办到，但工业技术是完全可能的。在这里，我认为哲学上的认识过程，从感性知识到理性知识，就完全可以应用到教学内容的课程排列了。如果在学习工业技术时，先从生产中亲身经历的感性知识开始，随即授以有关这种生产的专业知识中的理论，再从这种理论回溯到技术科学中的有关理论和实验，最后再从这些技术科学中的理论，回溯到自然科学（即平常所谓基础科学，但基础这名词不要）中的有关理论和实验，作为这一阶段学习的理论和实际的结合，然后随着生产中经验的提高，再来这样一段感性到理性、具体到抽象的学习，螺旋式地上升，我想那效果是一定要比读四五年书再投入生产，从抽象到具体的教育内容好得多的。业余学习的职工，在工作中，已经有了生产常识和感性知识，就在这基础上进行相关的理论的学习，不是更好地结合了实际，因而事半功倍吗？（这里所说的业余教育，和我那篇原文一样，是专对工业教育而言的，至于理、农、医方面的教育，不在本文讨论之列。）有很多人认为，在工业教育里，从自然科学，到技术科学再到专业知识的课程次序，是天经地义、自古已然的次序，是不容大翻身的，但我认为这个陈规可以打破，而且在我们社会主义国家，更应当打破，早在 1951 年 9 月全国科联出版的《自然科学》月刊中的《工程教育中的学习问题》一文中，我就详细说明过了，请读者参阅。

（2）张健同志说："无论日校或业余教育都要受科学知识

内在的系统性、完整性和教学上循序渐进的客观规律的限制。因此，只能是先从抽象的定律开始学起。这种科学知识本身的系统性和相互制约的内在联系的客观规律，不是任何人所能改变的。”我完全承认科学知识本身是要有系统性和完整性的，而且教学工作也一定要循序渐进。但是，所谓系统、完整和循序的序，是拿什么作标准呢？张健同志的标准是学科，而我的标准是生产。从学科言，就有数学、物理、化学等科，而数学里又有代数、几何、三角等门；从生产言，就有桥梁、机车、发电机等科，而桥梁里又有桥墩、桁梁、路面等门；这些都是科学知识，各有各的系统性和完整性。而在教学工作中，可有先学代数后学几何之序，也可有先学桁梁后学桥墩之序，或者可有先抽象后具体之序，也可有先具体后抽象之序。在教学中，系统性和完整性是必要的，循序渐进也是必然的，但对工业技术的学习来说，为什么一定要拿抽象的学科为标准，而不能以亲身感受的具体的生产为标准呢？如果对自己的生产业务中的理论与实际结合的系统性和完整性都能透彻了解，这不是很好的工业教育吗？当然，对生产中的工作者来说，学科的系统与完整的知识也是需要的，因此，我在那原文里关于业余教育基本原则第一段中说："加授各种技术科学和自然科学的辅助课……使每一学科的学习内容，能够完整到与它水平相适应的程度。"

(3)张健同志强调普通日校和业余教育的共同性,认为我提出的对于业余教育的建议是和现在普通专业学校的制度相凿枘的,因而就没有共同性了。我完全同意张健同志的看法。但问题是:应当叫合理的业余教育服从现行的普通专业学校的制度呢?还是从根本着想,应当发挥社会主义制度的优越性,进而把现行的普通专业学校制度和业余教育,一并加以彻底改革呢?我在1950年4月29日和6月4日的《光明日报》上发表过两篇文章,提出"习而学的工程教育"的建议,就是对高等工业院校的这种改革而言的。其实,我对业余教育的这种建议还是从那个习而学的思想发展出来的,因而我理想中的两种教育制度是有共同性的。

(4)张健同志认为对企业职工的业余教育应当分为普及与提高两种,把对技术工人和"一般职员"的教育与对工程技术人员和"领导骨干"的教育分割开来,因而在一位工人升到技术员,或一位职员升到骨干时,他的业余教育就没有连续性。我认为这样做是有问题的。在普通专业学校里,不论大学或中学,我们都没有把低年级的课程认为是普及的,而高年级的课程是提高的,在高等学校,就学习理论来说,一年级的课比四年级难得多;那么,为什么在这极其重要的连续性的这一要求上,业余教育就不能和普通专业学校有它们的共同性呢?在业余教育中,对高级和低级的职工,为什么要有不同的培养目标呢？为什么要有正规与非正规之分呢？我认为职工的业余教育应当是正规的而且有连续性的，其培养目标只能有一个，就是逐步提高职工的水平，使他最后能胜任具有大学程度的工程师职务。我在那原文里说过，并非任何职工都能大学毕业，但是业余教育应当为他铺平道路。

以上几点张健同志和我不同的意见，我虽做了答复，但也只是一个人的见解，算是“争鸣”了一下，究竟谁是谁非，在我的一面是有弱点的，因为我的建议，无论说得如何天花乱坠，总还是一个空想，一个未经实验的东西，而张健同志拥护的制度，却是有“数千年来学习的经验证明”的。然而，这只是从单纯的教育原则出发，而我们讨论的目的却并不在此。我们的目的是为了要解决业余教育中的问题，因为现行的业余教育有缺点，张健同志也承认的。我认为在一个国家的经济基础有了翻天覆地的大变革时，作为上层建筑的教育制度便不得不有所改变，才能更好地为这个基础服务，而这改变是不能从无原则的点滴改良来达到的。在一个新的社会制度产生之后，很多旧的东西不可能不成为绊脚石，因而酝酿出层出不穷的各种新问题。要解决这些问题，必须要有正确的方向，必须要把牢了舵，才能免于迷航。这个方向就是：要利用社会主义制度的优越性来解决由于改革旧制度而产生的新问题。我们现在的经济基础是逐步过渡到社会主义的经济结构,为什么我们不对上层建筑的教育制度,也顺着这个社会主义的方向来逐步加以改造,使它最后成为社会主义的教育制度呢?我对现行业余教育体制的看法,只是我对整个教育制度的看法中的一个环节罢了。

最后,我那原文中有几点写得不够清楚的地方,现在补充说明一下:(1)我说每一课程里都有专业知识、技术科学和自然科学,这里所谓专业知识并非如张健同志所说的社会生产劳动中一般生产常识的说明,更不是所谓文字符号和初步计算技能的文化工具,而是与生产专业有关的理论知识,相当于现在普通专业学校中高年级的技术课。我在原文中已经说过,业余学习的职工要有小学的文化程度。至于在业余学习的进展中,应当提高语文和运算的能力,那是可在课程中规定的。(2)我说业余学习的课程当然很多,但学习时应"尽量避免内容的重复",因而张健同志说"汽车制造工人不就要学习数千门到数万门课程了吗?"这是不可能的,因为汽车的构件虽多,但从生产系统中具有一定作用的构件来说,仍是有限的,学习课程以构件为对象,也仅指有代表性的构件而言。这些构件就是普通专业学校技术课的对象,技术课的内容有多少,业余教育里就有多少,尽管课程的名称和多少是不相同的。同时,这两种教育也是可以按照科学水平来对等比拟的。(3)张健同志说,我建议中的"学习的面是那么的宽和那样的高深，事实上是做不到的”。这是把我说的业余学习可有横的和直的两个方向发展的意思误会了。所谓横的发展就是选择专业，直的发展就是由浅而深。当然不是说，要学所有的专业，更不是说，一定要学到大学。我的意思只是要给职工以充分的学习机会。(4)张健同志说：“只有个人学习计划还是不够的，更重要的是各级业余学校要有教学计划”，是完全正确的。我在原文中说道：“要实现……业余教育的三个基本原则，需要有适当的教育制度和教学条件来保证”，是把制订教学计划的意义包括在内的，但没有说清楚，应当补充。(5)附带提一下，医学教育中的所谓王斌思想，主张“专科重点制”，速成训练医师，提高临床治病，而不预先给以系统的和完整的医科理论知识，这当然是有危害性的；但我对业余教育的建议，比起现行的业余教育制度，在工科理论知识的系统性和完整性上，有过之而无不及，并且各级教育所需的学习时间也不见减少，只是在学习程序上，主张大翻身，翻到从感性认识到理性认识，从具体到抽象，因而可以密切结合实际，而且对科学理论知识不但不是削弱，而且更加巩固了，这怎能和王斌思想相提并论呢？

1957 年 3 月

半工半读，孰先孰后

现在，举国上下，都在认真贯彻党中央制定的教育与生产劳动相结合的正确方针，实行了半工半读。工与读是结合进行的，往往工中有读，读中有工。二者虽有结合，但毕竟是两个不同的活动内容，或则工先于读，或则读先于工，总有个先后次序问题。按照现在各学校制度，一般都是读先于工，就是进了学校，第一步是读，第二步才是工，认为理论学习应当早于生产劳动。假如所读理论和所做的生产劳动是风马牛不相及，内容毫无关系的，这样安排先后次序，自无不可，但如工与读内容一致，所读理论是与生产劳动相互依赖的，那么，工与读之间就应有一个合理的先后次序。当然，在做工时吸收知识、交流经验，就是一种读，而在读书时同时应做实验、分析、实习等，也就是一种工，因此工与读是能融会贯通而且有时也是很难严格划分的。但是，一般情况下，工在

“室外”，读在“室内”，它们的主要任务毕竟是应当有所区别的。既是任务不同，在贯彻任务时，就必然会发生先后次序的衔接问题。究竟是应当先读后工，像现在一般学校所实行的呢，还是应当先工后读，让现在的教育制度来个大翻个呢？或者简直不做规定，一时读先于工，一时又工先于读，把这工读次序看作无足轻重呢？这是今天教育上的一个极其重要的问题。

解决这一问题，关键在于对“教育”应有正确的认识和了解。首先，教育活动乃是一种实践活动，而实践中的认识过程就是教育中的学习过程。毛主席在《实践论》中反复告诉我们，在实践过程中有感性认识和理性认识两个阶段，这两个阶段的相互依赖关系，即是“认识开始于经验”，“理性认识依赖于感性认识，感性认识有待于发展到理性认识”。这是人类一切知识之所由来，教育当然亦非例外。因此，如果工与读各是教育整体的一半，那么，教育的过程就是工与读的过程；如果在教育过程中，感性阶段应当先于理性阶段，那么，工的过程就应当先于读的过程，也就是在半工半读中，应当先工后读而非先读后工，更不是工、读随意，漫无规定。这就是我们所说的合理的先后次序，所谓合理，就是要合于辩证唯物论之理。

有人说：“从哲学上来说，认识过程一般地是由具体到抽象，从感性知识到理性知识，从实践到认识，再从认识到实践。但是，教育内容顺序的排列和教育方法的应用，就不应机械套用这种公式。也就是说，它不仅可以由具体到抽象，而且也可以从理性认识到感性认识，或者同时用某一个具体的事例来说明某一个定律和原则。杜威实用主义学说的错误之一就是只承认由感性到理性，而不承认也可以同时由理性认识到感性认识。”究竟教育的学习过程按照实践的认识过程来顺序排列，是不是“机械套用这种公式”，以致犯了杜威实用主义学说的错误呢？这是值得辩论的一个大问题。杜威不承认可以同时由理性认识到感性认识，当然是错误的，不过这里应当确切说明，杜威的错误在于不承认可以由低级的理性认识上升到高一级的感性认识，至于同是低级的认识，那么，当然就不能先从理性阶段然后再到感性阶段了。《实践论》里有这样一段重要的话：“认识从实践始，经过实践得到了理论的认识，还须再回到实践去。认识的能动作用，不但表现于从感性的认识到理性的认识之能动的飞跃，更重要的还须表现于从理性的认识到革命的实践这一个飞跃。”（这里所谓革命的实践可以解释为创造性的实践，也就是高一级的实践）既然从哲学来说，认识过程是先从感性认识到理性认识，然后再从低级的理性认识上升到高一级实践中的感性认识，那么，从教育的过程来说，“套用这种公式”为什么就是“机械”的呢？为什么就不是合理的呢？

毛主席在《整顿党的作风》中又说：“一切比较完全的知识都是由两个阶段构成的：第一阶段是感性知识，第二阶段是理性知识，理性知识是感性知识的高级发展阶段。”教育的目的，是使学生得到比较完全的知识，如果先工后读，不正是把感性知识发展到理性知识，使学生的知识能够比较系统和更加巩固吗？

应当说明，认为教育应当先读后工，并把它奉为金科玉律，确是教育界中非常普遍的见解，因为这是“数千年来学习的经验证明”的，这是“教学上循序渐进的客观规律的限制，因此，只能从抽象的定律开始学起”。他们所谓的循序渐进就是循从理性到感性的序，而不料这正是反果为因，违反了辩证唯物论的认识论。

如果认为教育中的学习过程应当统一于实践中的认识过程的话，在半工半读的教育制度中，就应当先工而后读，并且按照这项辩证唯物的原则来安排一切教学计划、教学大纲和教学方法。这就是我的结论。

1958年9月1日

业余教育的一面红旗

解放后我国业余教育有了极大发展，特别在今年，参加业余教育的人数增长为去年的6.8倍。在全国举办业余教育的各单位中，最突出的要推上海国棉十七厂。他们在最近的评比中，获得了业余教育的第一面红旗。我向这面红旗欢呼致敬。

我向上海国棉十七厂致敬，不自今日始。两个多月前，在报上看到这个厂的业余学校，要把全厂的青壮年职工，加速培养到大学水平，并且提出一些措施作为保证，我就不由得感到十分振奋，立刻去了一封祝贺信，并提出了一些参考性的意见。随后从厂里业余纺纱专科学校的回信中，我又了解到一些情况，更加强了我对他们的信心。我为什么如此重视这件事呢？因为他们的大胆创造是我多年来的梦想。

国棉十七厂的大胆创造有很多方面：(一)生产与学习的

统一。他们把全厂八千多职工都组织到业余教育中来，几乎人人做工，人人上学。因而他们既搞生产，又搞教育；既办工厂，又办学校；厂校合一，相辅相成。他们办的工厂是先进的，因而才能有像黄宝妹这样先进的红旗，同时他们办的学校也是革命的，因而才能有业余教育的第一面红旗。他们创造出业余教育的“四年一贯制”，要把任何一位扫过文盲的职工，经过四年学习，就能达到像过去需要十几年才能达到的工业大学毕业生的文化和技术水平。要想在业余教育中把普通职工培养到大学毕业，已经是狠狠地破除了迷信，而要把学习年限缩短到三分之一或四分之一，那就更是惊人的敢想敢干了。（二）理论与实践的统一。他们的学校设置五个教研组，下设八个系。每个教研组、每个系都由工厂里最适当的领导干部兼任负责，因而把解决生产问题和提高技术知识有效地拧在一起。各系的技术课要为生产服务，生产中今天发现的问题，要通过技术课，在明天解决。在学习中，职工一开始就从实际出发，边做边学，做的必定要学，学的必定要有用。不在技术知识上穷源溯流，不过分地强调学科的系统性，虽然他们也有系统的文化课。比如他们自编的教材中，有“纺织数学”，综合地从算术讲到高等数学，而不按学科系统，分门讲授算学、代数、几何、三角等。他们的教材是由技术人员、先进生产者和老工人“三结合”编写的，因而教材内容完全适合本厂生产上的需要;这在业余教育中是必不可少的,但在过去很少有人做过。(三)提高与普及的统一。他们的教学内容是纺织知识和尖端技术同时并举的,而教学方法又是师生结合的。他们采用能者为师、现身说法的方式,边教边学,教啥学啥,边学边教边提高,因而学习中的职工既是学生又是先生,能学的学,能教的教,既要做多面手,又要能研究创造。这是过去业余教育中从未有过的。

可以说,通过以上这些大胆的创造,国棉十七厂的业余教育真正贯彻了党中央的教育与生产劳动相结合的方针。同时,他们在教育上也和在生产上一样,忠实地贯彻了多快好省地建设社会主义的总路线。毫无疑问,他们的这些大胆创造是马克思列宁主义与工厂的具体实践相结合的必然结果。他们在党委统一领导下,成立了"技术革命与文化革命促进委员会",以生产为纲,把生产组织与学习组织统一了起来,因为厂与学校的领导一元化,消除了一般业余教育中的各种矛盾。这是一条极可宝贵的经验。

国棉十七厂之所以敢这样大胆创造,是因为他们对业余教育具有正确的认识。我们知道,普通学校的特点有三:第一,在学制上分成初中、高中、大学三个阶段,每段有固定的学习年限,两段之间的课程有很多重复,这完全是人为的、主观的清规戒律。第二,课程按学科性质划分,每科自成系统,因而很难结合生产，生产中的事物，对学科言，都是综合性的。第三，课程的顺序排列都是理论性的在前，实践性的在后，愈是生产需要的技术课愈是在最后。这样的学习过程，实际上违反了哲学上认识过程的实践规律性。这些特点，都是从脱离实际的脱产学习的教育历史中发展而来的，因而是不可能与生产劳动相结合的。但是，过去的业余教育，都把普通学校在教学制度上所走的道路，当作金科玉律，也改头换面地照样去走。这就等于把儿童读的教科书用来对成人“扫盲”，以致学习的职工感到“远水救不了近火”，很难坚持下去。国棉十七厂推翻了这个“正规化”的传统，把学习时间大大缩短，打破了中学、大学的界限，创造出四年一贯制。把有关的纺织理论知识和最新的尖端技术，结合在一起，用通俗的语言和适当的解释，一段一节地给工人讲授。而且根据需要，自己编写出针对生产、综合学科的新型教科书；把技术课当作讨论生产上最紧要关键的阵地，通过这个阵地，把技术工人解决生产关键的力量调动起来。

1958 年 11 月 14 日

边做边学与学科系统化的关系问题

边做边学，就是做什么，学什么，一面生产，一面学习。这是人人生产、人人学习的一种教育形式。

所谓人人生产、人人学习，当然还可有其他形式。全日制学校本来是为脱产学习的，现在结合了生产劳动，就是其中的一种。它有一定的任务，但并不是为了边做边学的。全日制学校的特点是在长时期内进行集中学习，毕业后才能正式参加生产。这个长时期又分为几个阶段，如初中、高中、大学，不把一阶段学完，中途退出，就不能成"器"。这样硬性制度的产生，主要由于要求"学科系统化"。这便是把人类知识，按照科学系统，分成学科，每个学科包含一套完整的一类科学知识，同一门的各类学科之间有一定的界限和联系，构成这门科学知识的一个系统。不但要求知识要有科学系统，而且要求学习要有学科系统。为了保持学科学习的连续性、统一性和持久性，便发展出这种长时期的、不间断的、不受干扰的全日制的集中学习制度。因为年轻时记忆力强，这种制度便紧接小学开始。这种制度在欧洲已有很长历史，其中大学教育远在1076年就已开始。必须承认，学科系统化应当是任何教育制度的一个共同目标。在我国现时业余教育中，也还在不同程度上遵循着学科系统化的传统。其结果呢，竟造成做归做、学归学的现象，虽然表面上好像是边做边学，而实际上并非做什么学什么，并非今天学的就能直接用到今天所做的。如要把今天所学的直接用到今天所做的，也就是真正做到做什么、学什么的边做边学，那么，一般就认为这是要和学科系统化发生矛盾的。这个矛盾是如何产生的呢？能否解决呢？

边做边学是业余教育的特征

业余教育与全日制的学校教育有很多不同之点，这是不待说的，最主要的是业余两字不仅指业余的学习时间，而且兼指业务所余的一切有利因素，而这是全日制学校所不可能具备的。“业余教育要能利用业余的优越性”，边做边学，就是充分利用这个优越性的一种形式，而且是最好形式。就是撇开业余的优越性而专从教育方面的要求来说，我认为边做

边学也是最好的教育制度。这是因为:

(a)马克思说过,“生产劳动和教育的早期结合是改造现代社会的最强有力的手段之一。”这里所谓结合当然是指边做边学,而不是在专门学习了很长时间之后再去参加生产劳动。边做边学是把理论与实际同时结合,而不是从事理论很长时间以后,再去和生产实际结合。(b)由于理论与实际的同时结合,边做边学就把所做的和所学的同时提高,而且相互促进,因而在教育中的学习水平就能和生产中的业务水平相适应,理论与实际一致,培养出需要的能力来更好地完成任务。这样的学习便如先造一座小塔,然后把这小塔逐步扩大,扩大一点,便有一点的作用。不像全日制学校的“造塔”,先定出塔的大小形状,然后从基础起一层一层造上去,不到塔尖,不能成形;先造中学的塔,后造大学的塔,以后就不再造了。而边做边学的造塔,终身生产,终身学习,塔的扩大,可无止境。生产提高的需要决定塔的扩大的条件,有多大的知识宝塔,就能胜任多高的生产任务。这样,不是把教育和生产更紧密地结合在一起吗?(c)生产业务复杂,各人学习条件不同,边做边学就可结合每人的具体情况,定出“造塔”计划,达到最后目标,比如到大学毕业的水平。每天所学的都能对所做的发生作用,就能坚持学习,不会有“远水不解近渴”的苦闷。而且所定计划可留有余地,因故暂停学习,也无大碍，不像全日制学校，如在紧要关头生病，竟可耽搁一年。因此，在业余教育中，函授应当是最好的方法。(d)从办学经费言，边做边学是最经济的教育制度，不但不需建造宿舍、食堂、礼堂、体育馆、医院等为学生专用的建筑，而且学习者不需助学金，师资可兼采能者为师、教学相长的办法，因而这种制度容易推广，并且为普及高等教育创造条件。(e)边做边学既然容易推广，就可造就出数量日益增长的专门人才。大的数量产生高的质量，我国近年体育成绩的飞跃提高，就是一例。可以设想，在边做边学的制度广泛推行以后，其中必然会产生为数众多的各门各类的科学家，在科学研究工作上，为社会主义建设作出巨大贡献。(f)任何生产企业都有培养全部职工的任务，培养方法应当多快好省。如果附设一个业余学校，大体上沿用全日制学校的学科系统化的教学计划，除把课程酌量精简，并把生产现场看作是专业学科的实习场所而外，不能充分利用业余学习的优越性，那么，这与全日制学校所办的夜校，有多大差别？要使企业中的职工，人人学习，每天学习收获都能在生产上立即发生作用，并且不断提高，最后达到高等教育的水平，边做边学，包括函授，应当是最好的教育制度。边做边学应当是业余教育的特征。

边做边学应当系统化

很多人认为做什么学什么是不能培养出科学家来的,犹如“看一眼,画一笔”是不能培养出画家来一样。诚然,科学家或画家必须要有系统的理论或深厚的修养,而这是不能从零碎或偶然的经验和学习中得来的。但是,如果看一眼,画一笔,看的是一棵完整的树,画出来的也是一棵完整的树,而画的和看的竟是一模一样,那么,这也就是一种很好的学习方法,至少是在开始的阶段。等到看的树多了,画的树也多了,看的画的其他东西也多了,再加其他必要的学习和经验,这样就当然可以培养出真正的画家来。培养科学家也是一样。如果物理实验室里的一位职工,每天帮着做实验,接着在晚间就学习关于所做实验的内容,由浅入深,等到一个课程的全部实验做完,他对这个课程不是就有了初步的了解吗?接着再进一步学习,从知其然到知其所以然,如此把全部物理课程的实验做完,做什么学什么,最后再把所做所学,加以总结提高,经过相当时期的进修和阅历,他为何不能培养成为一个真正的物理学家呢?世界上很多大科学家就是这样产生的。这里面的关键在于要做完全部物理课程的实验,得到这个课程的完整知识,也就是要求学习的系统化。

生产企业中的边做边学是可以系统化的。任何生产都是有系统的，其中各个“工种”的每一个“工序”或“流程”便需要技术知识中的完整的一门，工序流程里接触到的材料、工具、设备、工艺等，便各自需要技术知识中的完整的一类。这里分门别类的技术知识既然各有系统，各自成套，它就和科学知识之分成学科一样，也可分为各种大小成套的“术科”（术科不包括参加生产以前所需的各种工艺上的初步操作训练）。术科是生产小技术知识的系统化，每一术科，对科学言，在理论上都是综合的，学科是科学知识的系统化，每一学科，对技术言，在实践上也是综合的。学科与术科的结合构成学术。生产中的边做边学，其开始阶段的“看树画画”，便是在工序流程中做什么，就对有关的术科学什么；掌握了术科的系统知识，增强了技术能力，就对工序流程中所担的任务，立即发生作用。在这基础上，进一步学习有关的学科，然后再继续提高，就可逐步培养成真正的工程师。

边做边学也能使学科系统化

大小术科配合成套的系统，在业余教育中是一根“红线”。有了这根红线便掌握了生产知识。但这还是不够的，为了提高生产，就要对生产知识进一步地知其所以然。这便是要掌握系统的科学知识。在术科中,所得的科学知识是综合而零散的,而且“定性知识”多于“定量知识”。必须把有关的科学知识完整化、系统化,才能改进生产并做出新的生产设计。这就是,除了学习术科外,还要学习学科。在业余教育中,除了应有术科的一根红线外,还要一根学科的红线。这两根红线拧在一起,才构成完整的业余教育。同时,它们也在业余教育里,造成学术空气。因此,边做边学也要达到学科系统化的目的。但是,如果做什么,学什么,而做的是生产任务,学的是术科知识,这学科系统如何能插得进呢?可是事实上这是完全可能的。职工在生产中所担职务总是比较长期的,在完成了有关术科的学习以后,并非跟着调动职务,在调动以前,还可有时间来学习学科,并使所学学科适当地系统化。这就是在掌握了术科系统化的生产知识的基础上,再来掌握学科系统化的科学知识。这是学习的第一段。然后,随着职务的调动,再学相关的术科的学科,作为第二段。第二段可能是第一段的升级,但也可能是为了另一生产部门的另一工序或流程,根据新的职务要求而定。因此,边做边学的制度是适合于培养多面手的全面发展的教育的,同时,它也能使学习的学科系统化。

先做后学的学科系统化

但是，先掌握了术科，再掌握学科，是从技术到科学，从业务到理论，用全日制工业学校的术语来说，就是从“专业课”到“基础课”，而这是和一般的教育传统相违反的。一般的教育传统是先学数学、物理、化学等自然科学课，后学力学、机动学、电工学等技术科学课，最后才学桥梁、机车、发电机等专门业务课。数学、物理、化学等课必须最先学习，所以名为基础课。这个传统是随着科学发展，在脑力体力分离的社会里的全日制学校中逐渐形成的，在教育上并不能成为唯一的学科系统。按照这个传统，学习从理论开始，然后应用到技术，也就是从理性认识发展到感性认识。如果教育上的学习过程是应当和哲学上的认识过程一致的话，这个传统是不符合毛主席在《实践论》中所提出的规律的。

当然，从书本中得来的理性知识是前人从感性认识中提炼出来的，而并非自己实践的结果，因而就可把感性一段的认识，通过实习或应用，移到理性认识以后。这当然是可行的，所以才能成为传统。但是，如果仍然从感性知识开始，上升到理性知识，尽管这理性知识大部乃至全部是前人而并非自己发现的，然而这样就可证实甚至发展前人的理论，那也是很好的教育。毛主席在《实践论》中说:“许多自然科学理论之所以被称为真理,不但在于自然科学家们创立这些学说的时候,而且在于为尔后的科学实践所证实的时候。”“通过实践而发现真理,又通过实践而证实真理和发展真理。”可见先学习实践性的专业课,后学习理论性的基础课,是完全符合实践规律的,与哲学上的认识过程是一致的。

学习从实践开始,然后上升到理论,还有很多优点:(a)先看到具体实物是最好的形象教育,然后再进入理论是先易后难,由浅入深;(b)从实践到理论是从具体到抽象,个别到一般,特殊到概括,从知其然到知其所以然;(c)有了实践经验再学习理论,更能领略理论的“举一反三”的可贵,能善用理论而不致误用;(d)实际是时刻变化的,但却受理论规律的支配,在实践基础上学习理论,可以更好地培养科学分析的能力;(e)实践经验如建筑材料,理论乃是使材料结构成形的规律,先有实践,再用理论去贯串,这样去掌握理论,所得知识必然更加巩固。

毛主席在《实践论》中说:“人们的认识,不论对于自然界方面,对于社会方面,也都是一步又一步地由低级向高级发展,即由浅入深,由片面到更多的方面。”“实践、认识、再实践、再认识,这种形式,循环往复以至无穷,而实践和认识之每一循环的内容,都比较地进到了高一级的程度。”因此,从实践到理论的学习，应分阶段，从低级实践到低级理论，从低级理论到较高级实践，再到较高级理论，如此螺旋上升，无有止境。在先做后学的教育中，术科与学科应当分段，低级的术科与相关的学科为一段，较高级的术科与相关的学科为上升的一段，再高级的术科学科为更高的一段。各段的术科积累配合起来，构成生产知识的系统，各段的学科积累配合起来，构成科学知识的系统。因此先做后学的学科系统化是几个阶段的高低级学科系统合并组成的。同样，在全日制学校中，每一"基础"学科的系统也是要分成初中、高中、大学的几个阶段来完成的。

任务带学科

边做边学与学科系统化的关系可归纳为"任务带学科"的关系。任务带学科是在去年科学工作者对科学研究工作提出的一个口号，使理论联系实际的方针更具体、更深入地贯彻到各部门中，以便科学研究更好地为社会主义建设服务。这个口号同样适用于教育工作，因为教育与科学研究都是同样要和生产密切结合的。边做是完成任务。根据任务学习术科，通过术科要求，"带"出学科，就是边学。边做边学就是把任务当作学习的"纲"，把学科当作"目"，纲举而目张。

我国古典医学中有句“随症求因，随因定法”的名言，很能说明这个关系，症是任务，因是术科，法是学科。要使生产任务能够通过术科而带出学科，边做边学的教学计划应当满足下列要求：(a)系统与综合相结合，但以综合为先，然后系统化；(b)任务与学科相结合，但以任务为先，然后学科化；(c)理论与实际相结合，但以实际为先，然后理论化。

任务带学科的学科系统化

根据任务带学科的要求，学科系统化的具体表现有两个方面：一是每一学科内容的系统化；二是各学科之间的系统化。同一学科的程度有深浅，配合低级术科的学科当然在前，配合高级术科的学科当然在后。因为配合术科的关系，在这里高低级的同一学科，便不同于现行的初中、高中与大学的同一学科。应当按照术科需要，加以补充，使各级的学科分别系统化。同一水平的物理学科，如要能配合最初工序的术科，某种机器制造业的要求便不同于某种纺织业，而且棉纺需要的最初级物理学不同于毛纺所需要的。有多少种生产企业就有多少种初级物理学。其他如数学、化学等学科也一样。而且同一企业的学科要按水平分为若干级。表面上看来，编写这样大量的学科教科书确实是一项极其浩繁的工作，但看到有多少同行业的职工要学习这同一学科时，这个编写工作就是极有价值的了。而且同一学科的教科书，不同生产企业所需要的，随着水平提高而逐渐接近，工作量也随之减少。到了大学程度，每一学科只要几种教科书就足够了。

至于同一水平的各学科之间的系统化，也就是各学科的学习程序，在安排时应当满足几个具体要求：(a)要和从任务分析出的术科相衔接；(b)要从实践到理论，从感性知识到理性知识；(c)要从定性知识出发，逐步上升到定量知识；(d)要从现在实际，推溯理论来历，而不是从理论来历发展到现时的应用，关于这一点，下面还要谈到。如果这些要求是恰当的话，那么，各学科之间的顺序，仍用现行的全日制工业学校中的术语来说，就应当是：最初学习“专业课”(即本文中的术科)，然后学习与专业有关的“专业基础课”(技术科学)，最后学习“理论基础课”(自然科学)。这是现在全日制学校的课程顺序的大翻身。在现行的大学学制里，以土木工程系为例，第一年学微积分，第二年学力学，第三年学结构学，以后再学桥梁工程、基础工程等。在进行生产劳动时，在第一、第二两年便很难与专业结合。如果把这顺序颠倒过来，第一年在桥梁工厂劳动时就学习桥梁工程，然后学结构学、力学来验证劳动中的经验，最后再学习比较困难的微积分，不是更合于哲学上的认识过程吗？有人说，这样学习是不可能的，因为从微积分到力学到结构力学到桥梁工程有其连续性，这个连续性是由理论发展到应用来决定的，必须先知道理论上的来历，才能应用于实际，才能掌握理论应用的范围，也就是必须穷源才能溯流，才合于科学发展的规律。但是，在日常工作与生活中，凡能顺利进行的，无一不是合于科学规律的，在当时只知如何做而不知为何这样做，并不妨碍对于这些科学规律的应用，也就是，不知理论来历，依然可以实践。修理无线电收音机的工人，可以完成大学教授所不能完成的修理任务，但他并未读过电子学、电工学乃至还未接触过物理学。讲故事从头到尾，固然是一种方法，但倒过来讲，从现在追溯过去，也许还可增加听者的兴趣。先行应用，后知来历，先知其然，后知其所以然，先经实践，后知理论，究竟有何不可呢？因此，现在通行的这种学科系统化是受了传统的从理论到实践的思想的支配的，在教育上是有它的片面性的。如果把现行的各种学科教科书，根本改编，改从实践到理论，上述的课程顺序大翻身，是完全可能的。传统的看法是“理论基础上专业化”，如今改为“专业基础上理论化”，有何不可呢？

上面说过，边做边学是按照生产中各工种的工序流程，分段进行的。每段学习是先术科后学科，同一学科有高低级之分。这又是和全日制学校课程有些不同的。比如数学中的微积分这一学科，在高等学校里，是集中在一年内不间断地学完的。但在边做边学的制度里，就应当按照内容深浅，分成很多高低不同的级别，而插入各段学科中不同水平的“综合数学”课程里，因为微积分的概念是很早就可介绍进来的。把各段学科中所学的微积分综合起来，最后加以总结，就构成微积分这一学科的完整系统。

再归纳一下，任务带学科的学科系统化，就是按照在生产中各工种的工序流程，分段进行学习，在每一段的课程中，都是专业课（即术科）在最前，其次是专业基础课（即技术科学），以便与术科结合，最后才是自然科学的理论基础课，这是学科系统化的顶峰。

两种学科系统化

应当说明，按照任务带学科的系统学习，所有现行全日制学校各学科的规定课程，在边做边学的制度里，同样可以全部完成，因而理论水平也完全可以达到高等学校的要求，甚至还可更加巩固。根据经验，在高等学校第一年所学的微积分，不到毕业，就可能部分丢生了。但在边做边学中，经过多年的对微积分的不断应用，最后才把这学科学完，这样得来的知识是更为可靠的。因此，从学习效果来说，边做边学的制度，比起全日制学校来，不应当有所差别。两个制度的真正差别在于学科系统化。表面上它们都要求学科系统化，然而它们所要求的是两种不同的学科系统化，两种完全相反的学科系统化，这个系统的头恰恰是那个系统的尾。如果要求边做边学的制度采用全日制学校的学科系统化，那是不可能的。但是，如果把全日制学校中传统的、从理论到实践的、“倒立着”的学科系统，“顺过来”（恩格斯对一些理论的评语，《自然辩证法》）成为从实践到理论的学科系统，那么，边做边学和学科系统化之间便毫无矛盾可言了。这是对本文在开始时所提出的问题的答复。

1959 年 6 月 22 日

业余教育中的技术革新

最近我到西安、成都、重庆、武汉等地视察，时间虽短，遇到许多新人新事，印象极深。特别是亲眼看到技术革新和业余教育活动，都已在全国形成高潮，受到很大鼓舞。

在技术革新方面，到处可以看到，原来手工操作的车间和食堂，逐步实现了机械化和半机械化，参加革新的群众却并没有什么自然科学的理论“基础”，而且一般都是“一穷二白”起家的，这就开始突破了我们科学研究工作中过去存在的那种“唯条件论”。

在业余教育方面，一个很普遍的现象是：教学程序、教学方法和所用教材，与学员当时的生产实际结合得愈紧密，成就也愈大。这就坚定了群众参加业余学习的信心，满足了他们迫切要求增长科学文化知识的愿望。可以断言，只要认真重视，把业余教育坚持办好，在全国工农群众中，将可逐步缩小体力劳动与脑力劳动的差别，这正是我们社会主义制度的无比优越性。

应当说明，技术革新和业余教育的成就，是彼此联系、不可分割的；二者相辅相成，互为促进，这才汇成一股更加壮阔的洪流。

现在，就我视察所见，对此谈几点心得和体会。

首先，有丰富生产经验的工农群众并非所谓“科盲”，相反，他们在各自的专业领域内，已经初步掌握了一些科学方法、科学道理和科学规律。他们对科学技术中的许多现象往往能充分地“知其然”，也就是已经有了不少感性认识，这些认识是他们在技术革新中不断取得成果的一个重要保证。他们虽然没有机会系统地学习科学的“基础”理论，却能在技术革新中进行科学研究，有了创造发明，这个秘密，就在于他们虽然没有理论的“基础”，却有实践的“基础”，而理论本身的“基础”恰恰就是实践！

其次，业余教育的成就要归功于它采用了“边做边学、边学边做”的教学方法，使得今天做的，明天就学，今天学的，明天就做，天天把感性知识上升为理性知识，再从理性知识来提高和扩大感性知识的范围。这种理论结合实际的教学方法，正是遵从了毛主席在《实践论》中的指示：“理性认识依赖于感性认识，感性认识有待于发展到理性认识。”很多群众，通过业余教育,在技术革新中解决了重大关键问题。这种依赖关系,也就是《实践论》中所明确指示的:“认识的能动作用,不但表现于从感性的认识到理性的认识之能动的飞跃,更重要的还须表现于从理性的认识到革命的实践这一个飞跃。”

由此可见,在技术革新和业余教育中,工农群众一面鼓足干劲、努力生产,一面破除迷信、解放思想,破除了不少科学研究与教育制度中的历史性陈规与传统,创造出许多日新月异的方法与经验。从教育制度言,这是势所必至的,证明经济基础变了,上层建筑也不得不跟着变。变得愈彻底,愈能结合实际,它的成就愈大。在业余教育中,这样的变革,也是一种“技术革新”。

业余教育中的“技术革新”很多,其中之一就是科学技术课程安排先后顺序的变革。传统的主张是:既然数学、物理、化学等课是“基础”理论,就应当先学,而生产中的专业技术,既然是科学的应用,就应当后学,才能符合“学科系统化”的要求。其实,业余教育为了“结合生产、因材施教”,就应当另有它自己的一套系统化,这便是“生产系统化”。这种系统化,对学科言,是综合的,犹如“学科系统化”,对生产言,是综合的一样。这两种系统化,在不同的情况下各有其重要性,或者按照“学科系统化”学习,然后在生产中系统化;或者按照“生产系统化”学习,然后在学科中系统化。前一种教学方法是“学科带任务”,是“理论基础上专业化”,比较适合于没有生产经验的学生;后一种是“任务带学科”,是“专业基础上理论化”,比较适合于工农群众的业余教育。有了生产经验的工农群众,如上所说,已经不是“科盲”,已经对某一专业的科学技术有了不少感性认识,能够“知其然”;他们一般所缺乏的,只是理性认识,他们迫切需要的,只是从“知其然”上升到“知其所以然”。“生产系统化”的教学方法,正是从这一基础出发,按照生产系统,先学与生产有密切关系的技术,后学与这技术有密切关系的理论,然后随着生产的发展,再从较高级的技术,学到较高级的理论,并在这一过程中,将所学理论,分别段落,加以“学科系统化”。“实践、认识、再实践、再认识”,如此往复循环,在每一阶段,都是在“专业基础上理论化”。这也就是“任务带学科”,以任务为纲,学科为目,“纲举而目张”。这种方法,是一个多快好省的学习方法。

业余教育不同于普通学校学习,犹如扫盲不同于小学生识字一样。一般“文盲”并非完全文化盲,而只是“字盲”,具有一定文化知识水平来识字,和小学生从识字中来学文化,是完全不同的。有了丰富生产经验的工农群众,在工作中,对于科学技术这条“龙”,“看一眼、画一笔”,已经胸有成竹,并且画出了轮廓,业余教育就是要为这轮廓加工,使它真正像条龙,并为这条龙"点睛",使龙活灵活现!

业余教育中的科学技术课程应该如何安排,是一个重要问题。以上意见,希望教育部门研究参考,并给以批评和指正。

原载1960年4月11日《人民日报》

半工半读中的专业学习问题[①]

总理在报告里,不止一处提到半工半读和半农半读的新型学校,并指出这种教育制度"为逐步消灭脑力劳动和体力劳动的差别创造条件","是社会主义、共产主义教育的长远发展方向"。从 1958 年起,各地都举办了一些这类学校,积累了不少经验。今后我们要更大规模地广泛试验,特别在中等专业学校和技工学校中,要有准备地积极进行。这在我国教育史上,又是一件前所未有的大事,对于培养又红又专的宏大的科学技术队伍,具有极其深远的重大意义。

由于这是个前所未有的新型学校,在创办这类学校的初期,必然会遇到不少关于教学方面的问题需要解决,有的是

① 该文是茅以升在人大三届一次会议上听了周恩来总理的报告后所写的感想。

属于政治思想性质的，有的是属于生产业务性质的。毫无疑问，为了贯彻半工半读的办学精神，必须进一步强调：教育为无产阶级政治服务，教育与生产劳动相结合。政治思想教育方面的问题，应当首先解决。其次要解决业务方面的教学问题。我现在仅就业务教学方面，提出几点意见，供教育部门参考。我很了解，我的这些意见是不免主观片面的，因我并未办过半工半读的学校，对此毫无经验。但是，由于非常拥护这种半工半读的教育制度，我认为应当尽我所知，贡献意见，如果有可取之处，那就可算是“愚者千虑”的一得了。

我想提六个问题。

（1）如何“半”的问题。所谓“半工（农）半读”，当然就是“既有工，又有读”的意思，不一定就是“工对读，一半对一半”。究竟工与读各占多少教学时间，要看学校的专业性质而定。比如农业学校，有季节关系，农忙多下地，农闲多读书，耕与读的时间，未必相等。但是在工业学校，工读时间相等是可能的。还有工与读如何轮换的问题，也与学校性质有关。不过可以肯定，决不能把在校时间，分成两大截，一大截连续不断地做工，另一大截连续不断地读书，而必然是工与读轮换进行的。是否一年轮换一次，一月轮换一次，或一星期轮换一次，当然要看学校性质及其他有关条件。我的意见是：对于工业学校、技工学校，应当“边做边学，边学边做”，那就要求轮换时间要比较短一些。(我建议,如条件许可,最好一月轮换一次,即每一个月,一半学生在校上课,另一半学生在厂做工,下一个月彼此对调,以后每月如此。)

(2)工与读的先后问题。从"半工半读"这个名称看来,顾名思义,好像应当是"先工而后读",但问题不在名称,而在工与读的次序,究竟怎样才合适。我赞成"先工而后读",因为工是为了"实践",而"读"是为了"理论",按照实践论公式:"实践—理论—实践",就应当是"工—读—工"的次序。有人说,学习是继承,不等于认识新事物,因此在教育范围内,毛主席的《实践论》不适用。我不同意这个意见,尽管在全日制学校都采用先理论、后实践的公式,因为它们的原则是"学以致用",毕了学业,再从事专业。有人说,"实践—理论—实践"公式,是循环的,好像鸡生蛋,蛋生鸡一样,因而学校可以半路插进去,从理论开始,因为以前已经有了实践。但我要问,难道中学有实践,可以上升到大学的理论吗?实际是学校所学皆理论,毕业以后才有实践,而非理论之前,亦即入学之前已有实践的。我认为,学习与认识,只有量的区别,而无质的不同。在获得新知识时,可能需要十分感性知识,才能上升一分理论知识,而在学习继承时,由于有了传授和举一反三,有了一分感性知识,就可能接受十分、百分乃至更多的理论知识,然而就是这一分的感性知识,仍然是非常必要的，因为它是接受理论知识的基础。比如历史、地理，当然应该接受前人的实践经验，不可能事事都要自己去实践，但所以能接受前人经验，则是由于自己先有了关于历史、地理的一些启蒙经验，这个启蒙的感性知识是万不可少的。因此，在半工半读的学校里，学习应从做工开始，接着再读有关做工的书本，然后又做工。至于在做工时应当知道操作方法，那是属于工的范围，而非读的范围。

（3）读的时候，基础课与专业课的先后问题。学校内所谓“基础课”，即是数学、物理、化学、生物学等自然科学的理论知识课，“专业课”即是有关工农业生产的技术知识课。由于技术是科学的应用，因而从西方传来我国的教育制度中，总是规定初年级学“基础课”，高年级学“专业课”，形成一种“理论基础上专业化”的教学方针。但是在半工半读学校里，工与读是齐头并进的，应当理论与实践结合。如果在初年级时学基础课的理论，如数学、物理、化学，但做的工是初级技术，所学的数理化，如何能配得上做工的技术呢？后来，到高年级时才开始学专业知识，但做的工又是高级技术了，超出所读的水平。这不是工与读完全脱节吗？如果边学边做，就该把在校的学习时间，分成若干段落，如一个月，在每个段落，都是先做工后读书，而读的书都和做的工相配合，从专业技术知识开始，逐步上升到有关的基础理论。以后的每个段落都是先讲专业后讲理论,“先知其然,后知其所以然”,使基础课为专业课服务,形成“专业基础上理论化”的教学方针。这是和《实践论》的精神符合的,因为专业课属于实践范围,虽讲理论,但那是为了更好实践的,而基础课属于理论范围,虽有实验实践,但那是为了验证理论的。有人把基础课的理论比作一棵树的根株,把专业课的实践比作树的枝叶,于是提出“根深而后叶茂”的口号,但是,为什么根株是理论而不是实践呢? 我看实践应当是根株。并且,“根深而后叶茂”,固然是对的,那么,难道“叶茂而后根深”,就不是正确的吗? 我认为这两句话不可偏废,应当用辩证观点去了解。

(4)基础课的内容问题。一般全日制学校的基础理论课就是数学、物理、化学、生物等自然科学方面的功课。这些功课,每门都有一定的系统和水平,比如初中物理,有它一定的系统和程度,不同于高中、大学的物理。不管学生将来学什么专业,初中、高中的物理都是一样的。这样读物理,如果为了升学,当然是可以的,但如不升学而就生产专业,那么这样学来的物理对所就的专业来说,有多少作用呢? 恐怕能够直接用得上的很少,而暂时无用的很多。同时,在所从事的专业里,有许多应当知道的物理学知识反而不知道。这不是“学”与“用”就不能一致因而脱了节吗? 在全日制学校,这是无法避免的,因为对初中、高中的学生,不知他将来就何专业,只能给他“系统的”物理知识,让他将来自己去运用。但在半工半读的学校,这就大不同了,因为学生既然做工,他的专业就是预先知道的,既然知道了他的专业,为何不教他只与这专业有关的物理,并且满足他的需要,而一定要按普通的物理系统去教他呢?其他功课如数学、化学、生物等也是一样。并且,在任何生产专业里,所需要的科学知识,都是综合性的,就是说,需要从很多门学科里抽出相关部分,然后再综合在一起,才能解释生产里的各种现象及其前因后果,进而掌握其相关的理论实质。从生产来说,每一道工序,都有相关的综合性的科学知识,对全部生产来说,所有各道工序所需要的科学知识的总和,当然也构成一种系统,形成这一种生产所需要的系统的科学知识。比如生产螺丝钉,其各道工序所需要的科学,就构成一种科学,可名为“螺丝钉科学”,其内容包括学校所学的数学、物理、化学等的一小部分,再加其他学校里所未学过的必需的科学知识。我认为在半工半读学校里,在读基础理论课时,所学的科学知识,应当是与他的专业有直接关系的科学知识,也就是说,应当学与他所做的工有关的“专业科学”,而非普通学校里所学的一般科学。这类一般科学,是以数学、物理、化学等“学科”为系统的,可名为“专门科学”,不同于“专业科学”,那里是以“生产”为系统的。学科系统的划分是以自然界的天然现象为标准的,生产系统的划分是以生产中人为现象为标准的。学科系统是通过“认识世界”来“改造世界”的，而生产系统是通过“改造世界”来“认识世界”的。这是两种性质不同的科学分类，但在现在一般学校中，就只有学科系统的专门科学。我认为在半工半读的学校中，为了理论结合实际，在学基础理论课时，应当学生产系统的“专业科学”，而非普通学校里的“专门科学”。从事哪一种生产专业，就学习哪一种“专业科学”，内里包括所有基础科学与技术科学中有关那一种生产的必需理论。上面说的“专业科学”是我个人的创议，如果采用，需要重行编写教科书。

(5)“半读”的效果问题。比起全日制的学校，半工半读学校既然只有“半读”时间，在课堂上读书的时间当然就少了很多。因此，在这较少的读书时间内，必须讲求实效，充分利用半工的条件。其解决办法可以从两方面入手：一是在“半读”时，要采用“少而精”的原则，二是在“半工”时，要引入与“半读”有关的感性知识。关于少而精，上述的“专业基础上理论化”的程序，和理论中用“专业科学”的内容，都是为了这个原则，因为密切结合生产、只求生产系统的思想，就是“精”，不追求“学科系统”的完整，就是“少”。这个“少”是不妨碍目前学习的，因为“学科系统”当然有它的作用，但这作用不在现在而在将来。比如，如将来深入理论研究时，而在目前这是完全可以“少”的。关于引入感性知识,这是理论知识的基础。如果读的书就是说明所做的工的理论,那么在做工时,先有了感性知识,在读书时,对于这个工就很容易上升到理性知识了。“边做边学,边学边做”,对书本中说不清的问题,在实践中一看就懂,一摸就会,这不是“半工”就可补助“半读”的不足吗?“读”固然是为了“工”,而“工”也是为了“读”。半工半读的统一,实际就是理论与实践的结合。我认为,就是从“读”的效果来说,“半工半读”,也不会赶不上全日制学校的。

(6)毕业生能否升学问题。我认为,半工半读学校的毕业生,一般不必升学,应当从此就业,一面参加业余学校的学习,逐步提高科学技术水平。但是,在毕业生中,如果有条件特别合适的,让他升入上一级的高等学校,以期深造,有没有可能性呢?是否由于半工半读的关系,那里的毕业生就不可能升学,条件再好也不行呢?我认为不能这样看。问题是看毕业生的程度,能不能跟得上高等学校,因为他比一般的高中毕业生,书是读得少了些。但是,由于“半工”的实践知识,他也有比高中毕业生有利的条件。如果高等学校也有采用“半工半读”的,那么,升学应当是更有可能的。我相信,通过半工半读,理论知识不是削弱而是更加巩固了,因而毕业生是可能有升学的条件的。

以上六个问题,都是半工半读学校所急于要解决的。我所建议的三条是:①“先工而后读”,而非“先读而后工”,从感性知识到理性知识,是合于《实践论》的实践公式的。②“专业基础上理论化”而非“理论基础上专业化”,就是“先知其然,后知其所以然”,是合于“循序渐进”的教学原则的。③所读的自然科学,应当是“专业科学”而非“专门科学”,来了解“生产系统化”的理论,是合于“学用一致”的群众要求的。这三个建议,互有联系,同时采用,可起共同作用。这些建议,都与一般全日制学校的制度,大不相同,不但不同,而且是“大翻身”,因为它把“自古有之”而形成的一种“天经地义”的教学思想打破了!我大胆提出这些建议,所有不成熟及错误的地方,都请各位代表批评指教。

1964 年 12 月 25 日

多快好省出人才

为了在我国迅速建设世界第一流的科学技术队伍，必须想方设法，从各有关方面，创造条件，多快好省出人才。

(1)科技干部。他们都有丰富的实践经验，但有的人，理论跟不上，特别是基础科学理论。如果给予方便条件，鼓励自学，劝告参加学会，在其工作岗位组织"读书会""讨论会"等，交流经验，互相帮助，必可很快提高每人的科学技术水平。

(2)大学生。毕业有期限，课程有规定，必须学完一整套课程，才算毕业，才能胜任相应水平的工作。这就像造宝塔，先造最底下一层然后一年一层往上加，加到宝塔顶，才算最后成形，才能发挥作用，不能半途而废。但是，假如先造一个小宝塔，然后逐年按原形放大，放到规定尺寸，这不是每年都有宝塔可用，最后仍然用到那个同样的大宝塔吗？大学课程也可仿照这个意思，第一年课程就是成套的，读完的人，就可参加初级工作；然后逐年增加课程，仍然每年都成套，凡读完某一套的人，就可参加适应那一套的工作，岂非每年都可出人才，不必等他毕业吗？关键在于课程的安排和内容，这是完全可以办得到的，只要遵循《实践论》和《矛盾论》的指导原则。

用小宝塔逐年放大的办法，对大学的学生来源，也有好处。有什么学识经验的人，就可“插”那一年的班，因而凡是正在受业余教育的人，都有机会进大学，大学不必靠“招”生，而来者自然踊跃。

(3)工农群众。所有工厂和农场，都应大力开展业余教育，并与有关大学挂钩，获得支援。凡在业余教育中有优异成绩并因技术革新而需要学习理论的，可由本单位介绍往大学入学，作为“学习出差”，每次时间看需要，而且“出差”不以一次为限。业余教育中的辅导员或教师，遇到难题，可往大学求教，犹如病人往医院求医一样，大学应为此早晚开门设“门诊部”。这样，工农群众受业余教育的人，都有机会进大学，或从第一年起，或插班，对于本单位加速现代化的任务，必有很大帮助。

(4)青少年。高中生毕业前，给他们一定时间(寒暑假内)往若干的不同专业的现场(如工厂、农场、科技研究所、学校、医院、交通部门以及出版社、商店、各种文艺体育单位等)劳动锻炼，每处两星期，借此发觉其特长和爱好，以便利将来安排工作（包括送大学），不致埋没科技的新生力量。不应将高中仅仅看成是大学预备班。任何高中毕业生，通过工作单位的业余教育，都可有机会入大学。

青少年因故不能工作，又无学校可进的，应通过社会教育，如文化馆、少年宫、广播等，以及街道的学习小组，努力进行自学，争取成为科技后备军，如有此志愿的话。

（5）学会。经本单位介绍，凡科技工作者（包括工农群众）均可成为专门学会的会员，以便与同行同业工作者广泛接触，相互学习，参加各种学术活动，发表学术论文，进行科普工作。通过这样的学术交流，会员的科技水平，普遍提高，对“出人才”的任务是一极大助力。

1977 年 10 月 1 日

多快好省出人才

为培养第一流的科技人才而努力[①]

一个民族，科学文化水平不提高，四个现代化是搞不起来的。提高我们整个民族的科学文化水平，这正是我们科技界共同的努力方向。要建立世界上第一流的科技队伍，是我们的心愿。我虽然82岁了，对此也责无旁贷，尤其要关怀年轻一代的成长。

现在，在广大科技人员中掀起了攻关的热潮，青少年一代为革命学科学、爱科学、用科学，这是十分喜人的气象。我们要出人才，出成果。人才的问题是一个很重要的问题。怎样才能在学习中克服困难，攀登科学高峰呢？这里，我谈两点个人的体验供青年同志参考。

① 该稿是为1978年“中央电视台春节联播”做的发言。2月7日，“全国各地人民广播电台联播”播出全文；2月8日，“新闻和报纸摘要”中摘要播出；2月9日，10时新闻节目、17时新闻节目重播全文。

一、在攀登科学高峰的道路上，会遇到许多艰难险阻。要克服险阻登上高峰，首先要有为革命而学习的伟大理想，要有克服困难、战胜险阻的坚强意志和必胜的信心。对困难，要在战略上藐视它，战术上重视它。比如，解放后修建的武汉长江大桥、南京长江大桥、成昆铁路工程，都遇到过不少看起来是不可克服的困难，甚至工程停下来研究，反复征求意见，学习毛主席《矛盾论》《实践论》，做科学实验，经过许多失败，最后建成了这些巨大的工程。成昆铁路工程的艰巨，举世无双，但我国在比较短的时间内把它修通了，其中就有科学技术的新成就，在世界上是先进的。搞工程也同科学研究一样是不能停的，有时候日夜不能休息，有时候要连续作战。任何科学发现和发明创造，都是敢想、敢闯、战胜艰难、冲破险阻的结果。害怕风险，害怕劳苦，永远进不了科学之门，只能望着科学高峰兴叹。所以，一定要培养不怕险阻、不畏劳苦的精神。

二、搞科研和有志从事科研的年轻同志，在学习数理化和外语的时候，要打好扎实的基础。学习数理化从开头就要真弄懂，不要满足于表面上的懂。一般人学数理化往往注意难的地方，忽略容易的地方，因而容易的地方没有真懂，以后难的地方就真难了，容易的地方也变成难的了。要循序渐进，掌握基本功。学外语，词汇靠强记，语法靠逻辑，学习不能忽紧忽松,不要间断。搞科技的学外语主要是为了阅读,我个人的见解可以不必花过多的时间去练习发音。

作为我们老一辈的同志,一是可以帮助教育部门编写教材,审查教科书,介绍国外科技知识;二是为青少年多编写科学普及读物;三是多同各地中小学教师接触,帮助提高教学质量。我们这样一个有八亿人口的国家,一定会涌现出各种各样的人才。

伟大的作家鲁迅先生说过,“时间就是性命”,让我们爱惜时间,发奋努力,为早日实现四个现代化,为实现毛主席、周总理、朱委员长的遗愿,为实现无数革命先烈的遗志而努力奋斗。

在建筑工程学院讲话

同志们：

现在，全国人民面临着新时期的总任务，向四个现代化进军。我们已经有了一支世界上最庞大的科学技术大军，包括我们科技专业队伍，和工农兵群众，更有你们朝气蓬勃的青年后备军。你们生于最幸福的毛泽东时代，现在有条件脱产学习，人人准备将来参加我们的队伍，我们日日夜夜地盼望你们的来临，我们向你们表示热烈的欢迎！

时间本来是最宝贵的东西，因为它一去就不复返了，任凭你付再大的代价也追不回来。同时它又是最便宜的东西，人人有份，最为公平。时间像流水一样在人人面前走过去，人在这流水里就像在竞赛运动场上一样，人人争先恐后，抢分夺秒。学习、劳动、生活里面，都有竞赛，人的一生，就是在各种竞赛运动场上奋斗过来的。一个国家、一个民族也是如此。我们中华民族有五千年的悠久文化，就是有五千年的奋斗历史。因此，拿科学技术来说，在15世纪以前，我们在世界上是领先的，四大发明不必说，其他科学技术成就，数不胜数，我们应当为我们的祖先，感到自豪。但是，可惜，拿今天的科学技术标准来说，我们是落后了，必须急起直追，把耽误的时间抢回来，“只争朝夕”。让我来对你们讲一个第二次世界大战中的故事。在这次大战中，我国同美国、苏联、英法等国一边，法西斯德国和意大利、日本为另一边。两边都在抢先制造原子弹，结果是美国先做出来了，因而我们同盟国胜利了。假如法西斯反动统治先制造成功原子弹，那么，今天的世界，成何景象？时间的可贵还不惊人吗？同样的一秒钟，在电子计算机，就可计算一千万次、一亿次，你我能计算几次？我们还能忍心把时间浪费掉吗？你们今天在学习，我来告诉你们一个不浪费时间的方法。

用钱要记账，才知道钱是怎样用去的。为了要保证钱能够用，就要有“预算”，一个国家都有预算，何况个人。国家的预算，根据“经济计划”，你们在学习，就要有“学习计划”。在我们社会主义国家，我们都是在计划中行动，我们的学习也应当有计划，除去上课时间及规定的活动时间之外，其余的时间都要有安排，不应马马虎虎过去。每个星期，根据课程表，订一个“自修表”。每天几点几分到几点几分读什么书，做什么事，都分配好，严格遵守。不过同样一个时间，认真不认真地去利用，效果大不相同。现在说的自修时间，每分每秒，都应在勤学苦练聚精会神中度过，不应时松时紧，有计划等于无计划。坚持一段时间，就可开花结果。（唐山[①]故事）

现在谈谈制订学习计划即编制自修表时，应当注意的事项。社会主义国家的经济计划，有一条重要原则就是“按比例分配，定轻重”。在学习计划中，对各门功课和课外自修，应当怎样来“按比例”进行呢？这里有几个问题，就是“学什么”的问题。

（1）基础与上层。我们常说，学习的时候要先打基础，就同造房子，先有基础，才能造高楼，那么在各门课程中，有无基础与上层之分呢，是否所有课程，对自己来说，都一样重要呢？我说，根据自己条件，应有所选择。有的课程是为了“知其然”的，有的课程是为了“知其所以然”的。自己所缺的和特别爱好的课程，应特别注意，使它成为自己的基础。我们说，数理化是基础，就因为这三门课学好，其他课就容易了。这三门课往往是你所缺，而一旦贯通，又必然为你所爱好，这就要你特别下功夫，在自修表内让它占特殊地位。

（2）课内与课外。在学校学习，当然门门功课都重要，都

① 指唐山工业专门学校，茅以升的母校，后文同。

要学好，但这不是说，教科书以外的参考读物或辅助读物，就不重要（唐山例），用功到一定程度，就会发现教科书中的不足之处，需要课外读物来补充。还有一个作用，就是往往从课外读物中，可以发现你的特长所在，帮助你选择将来的专业。很多大科学家大文学家，往往经过这样一个途径。本来是学医的，后来看了文学书，特别爱好，成为文学家，如鲁迅、郭沫若。因此，在自修表内，课内与课外应当兼顾。

（3）难懂与好懂。任何课程中，都有难懂和容易懂的部分。这当然是根据个人条件，不可能人人一样。有人喜欢数学，有人怕数学。是不是喜欢的就多费时间，怕的就不管呢？不能这样，因为这是主观。学习的东西要有用，课程要有系统性、完整性，尽管水平有高有低，内容有多有少，但不能因个人爱憎而随意取舍。如果是必要的，再难也要学。问题倒是在：容易的功课由于不注意，反而没学好，使得难懂的更难懂。科学理论里，往往有看上去容易而实际不容易的，譬如“力学”中的“力的概念”。力是什么东西，好像一说就懂，但实际上，连力学大师牛顿，都未说清楚。因此，在自修表内，要预防把难懂的当作容易懂的，妨碍将来的进修。

（4）理论与实践。课程里总有理论与实践的两部分，哪个在先，哪个在后呢？根据认识论，感性认识在前，理性认识在后，然后反过来指导感性认识。但是，知识是非常广博的，不可能遇到问题,都先去实践,而只能依靠间接经验,把别人的实践当作自己的,在这基础上,上升到理性认识。学校里排课程,都是依照这个原则,不然的话,事事都要亲身体会,要多少年才能毕业呀!但是,也不能因此而轻视实践,在课程里和在自修表里,应当尽量安排实践课程,来巩固理性认识。比如牛顿三定律,在力学书中,都有说明,然而如能做一次实验来证明,这三定律,就更可牢牢记住了。更好的办法是先做实验,让自己从实验中推导出这三定律,不全靠书本知识,那就更有启发性了。

上面谈的“学什么”,现在再来说“怎么学”。

(1)苦干与巧干。首先要树立雄心壮志,我想这点各位一定都做到了,但不能凭空谈,不能凭热情,而要靠毅力,坚强的毅力,一定要学好,来向四个现代化进军。自修表要严格遵守,如不合适,可以修改,但不能有名无实。这就是要苦干,更要巧干。学习有窍门,如得法,可以事半功倍,如不得法,就会一事无成。要分清主流与次流,要差别轻重与缓急。比如一堂课,可就其要点画一棵树,什么是树根,什么是枝叶,什么是花果,把来龙去脉弄清楚,就把这堂课的内容,不但系统化,而且把重点突出了。

(2)记忆与分析。学习要靠记忆力,这是不用说的。才看了一段书,马上就忘了,底下怎么看得下去呢?看熟了还不算，还要记忆所讲的是怎么一回事。记忆力对学习的关系，真是太大了。记忆力的好坏，是不是天生的呢，我说不是。我小时候，记忆力并不好，但后来赶上了，今天我还记得住一百位的圆周率，这是什么缘故呢，就因为有过锻炼。不要以为自己的脑筋不好，而要怪自己不去用它，刀不磨，还能快吗？但是，完全靠记忆力还不够，还要有分析的能力，就是"举一反三"的能力，不然的话，一本书几百页，十几本书，还能每本每页，都记牢吗？其实每一本书的要点，不会太多，这要点是要记牢的，其余就可"举一反三"了，因为大道理，本来不会太多的，其余的小道理，都可一个一个地分析、推导出来。

(3)灌输与启发。灌输就是"填鸭子"，你们吃过北京有名的烧鸭，那些鸭子都是硬填长大的，学习也不能不经过这样填鸭子的阶段。有些教育家反对填鸭子，问题在看你如何填法，填是不可少的，但不能全靠"填"，而要有启发。所谓启发，就是开窍，如同把仓库的锁打开了，仓库里的东西就可随意拿出用了。但开锁要有钥匙，这钥匙从何而来呢？靠填鸭子的填的功夫，就是灌输。有些科学定理、规律、公式是不能不强记的，就是要硬"填"才能记牢的。不过在填的过程中，往往会有意外收获，扩大填的作用。(唐山教书例)

(4)单干与交流。学习是一人单干好呢，还是在群众中交流经验好呢？有人用功的时候，就怕别人来打岔，总觉得关起门来读书好。其实这是“因噎废食”。关起门来读书是需要的，但不能永远一人单干。和别人交流经验，相互切磋，是完全必要的。一个人的脑筋究竟是有限度的，“三个臭皮匠，抵得上一个诸葛亮”，那么，三个诸葛亮，不是抵上九个臭皮匠吗？同学们在一起交流，旨趣相同而各有所长，你不懂的我知道，我不懂的他知道，岂不是等于扩大了脑筋吗？若是和其他学校的同学交流，扩大更无止境。再进一步，能有机会深入工农兵群众，那就更好。不然的话，就是自己限制了自己，走上孤陋寡闻、故步自封的绝路。

以上说了“学什么”中的四个问题，和“怎么学”中的四个问题，对不对，我不敢说，我们要民主，请各位批判接受。

同志们，你们各位都是学建筑工程的，在四个现代化中，是一门重要的科学技术，如果没有建筑，实现四个现代化就只好在“风吹雨打”中进军了！仅仅拿建筑中的住房一项来说，现在北京住房的紧张，是惊人的（找对象房子第一），将来更是紧张，要等你们去“发慈悲，高抬贵手”！同志们，我祝愿你们在将来的建筑战线上，争取一个胜过一个的新胜利！

1978年10月25日

写给青年朋友们

——《高等院校理工农医专业简介》序

青年朋友们！祝贺你们完成了中学的学习任务，开始迈向新的生活里程。你们在投考大学的时候，面临着怎样选择专业的问题，这是涉及国家需要和个人前途的一个重要问题。

选择专业首先应该考虑的是祖国的前途、国家的需要。高等院校设置的各个专业，都是我们社会主义祖国根据四个现代化建设的需要来设置的。从这个意义上讲，各专业只有分工的不同，而没有重要不重要的差别。从事某一专业，有没有前途，决定的因素在于有没有强烈的事业心、科学的治学态度和刻苦的钻研精神。搞地质工作，有些人认为艰苦，同石块泥土打交道好像没有多大意思。然而正是在这个科学领域里，李四光同志创造了奇迹、建立了功勋，成为世界上第一流的科学家。其他，如铸造、锻压、地质、矿冶、采暖通风、给水排水等专业，也都是现代化工业的重要基础，国民经济的重要组成部门。其中某些专业，目前技术力量还比较薄弱。但是，正如一张白纸好画最新最美的图画一样，技术力量越是薄弱之处，越是国家最急需的部门，也越是英雄的用武之地。“三百六十行，行行出状元！”无论在哪个岗位上，只要立下大志，深钻下去，持之以恒，辛勤的劳动必然结出丰硕之果，前途同样是光明的。

选择专业，还需以辩证的观点，从发展上去看问题。就以农科专业为例，世界上工业发达的国家都非常重视农业科学技术的发展，劳动生产率很高。如美国平均一个农业劳动者所生产的农牧产品，可以养活六十多人。现代化农业要以分子生物学、遗传工程学、生物化学、生物物理学以及生态学等新兴学科为理论基础，同时要广泛采用辐射、激光、遥控遥感、电子计算机、人工影响气候等新技术。现代农业正朝着生产工业化、自动化方向发展，国外把农业科学成就誉为“绿色革命”。科学家们预言，下一个世纪，遗传工程将在农业上取得重大突破。这样艰巨的农业科学技术任务，能说“不重要”吗？学农科专业难道是“没出息”吗？当然不是。“风物长宜放眼量”，随着科学技术的发展，一些新的学科正在兴起，一些古老学科也将获得新生。在理、工、农、医的各个领域里，许多新的高峰正等待着有志者去攀登。

当然,选择专业还应考虑个人兴趣爱好和学业擅长,趋其长,避其短,这对人民事业和个人理想都是有益的。无数史实证明,在科学技术发展和社会生产需要的推动下,一个人对某一门科技事业超乎寻常的热爱,往往会变成钻研的动力,是出人才、出成果的一个重要因素。一般说来,理科专业研究的是自然界中带普遍性、规律性的东西,抽象思维和逻辑推理能力较强、爱好数理化而又学有所得的学生,可报考这一类专业;与生产实际结合密切的工程技术问题,是工科专业的主要研究对象,兴趣与知识面较广、善于处理实际问题的学生,适宜报考工科类专业;喜爱生化科学、动手能力较强的学生,可以考虑选报农、医类专业;组织与活动能力较强、数学基础较坚实的学生,可报考管理工程专业;从小喜欢并参加过航模、舰模、无线电、气象、地质、地震观测及其他少年科技活动的学生,可以优先报考相应的专业;如此等等。总之,从国家需要出发,了解专业特点,结合个人擅长与兴趣爱好,综合考虑,恰当选择,这是选择专业的正确态度。

这里,建议青年朋友们在选择专业的时候,要注意听取老师、家长和周围同志的意见,冷静地对自己做出全面的分析。对自己,看不见所长,容易自卑;忽视所短,可能自满。只有在充分客观地了解本身特点的基础上,考虑上述一些原则与看法,在你报考专业时,才不至于思虑重重、举棋不定。

青年朋友们,党和人民希望你们能够实现自己的理想,满怀信心地跨进大学,充分发挥聪明才智,准备将来投身到建设四个现代化的科学大军行列中去!

1980 年

6加2大于8

——从经济谈人才的培养

在谈到经济问题时，一般人总爱把它提到经济成本、经济管理和经济建设等方面上，好像经济一词除此之外，别无他解，这个提法对不对呢？回答是否定的。因为经济一词与其他概念一样，同世界上许多事物都存在着普遍联系，它不单表现在物质经济里，还体现在人才经济和时间经济中。

何谓人才与时间的经济？人才与时间的经济是针对使用人才和时间中的浪费而言的。大家知道，人才和时间都是社会的财富，只有合理地去使用它们，才能使这两者在有限的空间中兑换出更大的价值。可事实上，在许多时候，人们都没有充分地注意到这一点，不能最大限度地去利用那些有限的时间及有限的人才。20世纪初，美国著名的科学家泰勒就曾做过这样一个实验，用电影的形式把一个砌墙工人的一整套工作动作记录下来，进行研究，从而发现在这个工人的动作中，有许多是没有必要和重复的，浪费了许多时间，当时美国的福特汽车公司，也就是根据此经验，对生产线进行了改革，起到了事半功倍的效果。由此可见，经济时间的做法与最后设想的所得是紧密相连的。

可在目前，我国有许多地方忽略了这一点，看不到使用时间和培养人才里边的科学性。仅以工商企业为例，就存在着许多现象，甚至有些单位，宁可让工人空坐半日，也不愿拿出时间让他们学习。怎样做才能避免这些浪费呢？我以为方法之一就是抽出一切空余时间，搞业余教育，让工人们有进行深造和进取之可能。然而这种方法的学习不是无条件的，它还必须要受到以下两个方面的约束。

一是时间。以前工人们所进行学习的时间，大多是属于真正的业余性质，即在八小时工作之外。它的困难是时间没有保障，同时，还要受家务琐事的缠绕，效率不高，弄得不好，还会耽误第二天的工作。故此，我们强调的是在八小时以内的学习，就是六小时工作，两小时学习。它的作用是使工人能有时间和有精力去专心地学习，并把所学到的知识运用到工作上，使现有六小时的工作效率大于原来的八小时，这就是我们常说的“磨刀不误砍柴工”。

二是内容。内容就是工人所学知识的范围，而这个范围是必须以“学而有用”为前提的。太高、太大都会收不到预想的效果，就像远水救不了近火一样。因此，提倡学习的是与工作实际相结合的技术科学，做到从实践中求理论是这个范围的最基本的。当然，这也不是说不要学习数、理、化等基础知识，事实证明，许多基础理论在社会生产中，都起到了重大作用，尤其是数学对经济的作用，更不容抹杀，但那毕竟是一种理论上的“所以然”，离工厂的具体实践的“知其然”还有一段距离。只有先“知其然”，即实践，才能后知其“所以然”，即理论。在这点上，我是深有体会的。1917 年，我在美国上学时的工厂实习中，由于求知欲盛，除白天在工厂工作外，晚上还要到夜校去学习科学管理和高等数学等学科，其结果是使我取得博士学位的时间比按规定还早了半年。所以我们说，在学习的方法和所学内容的选择中运用经济的规律，是十分必要的。它不仅能使人们在浩瀚的学海中有目的地去补充自己的不足，还可以把所学到的知识最迅速和直接地应用到实际中去。

总之，经济和人才培养的关系是相辅相成的，尤其在业余教育中，这个问题就更为显著。但是，能不能说，注意到了上述两点，工商企业中的教育就肯定会搞好呢？也未必尽然。因为教育向来就是个多层次、多途径的复杂过程，不可能固定在一个不变的模式里，但只要我们有决定，真正做到解放思想，实事求是，并从客观的经济规律中不断地去寻求改革，就一定会使我们的工作在最少的时间里，作出最大的贡献。这也正像我在本文所提的口号“6 加 2 大于 8”一样，难道世间的一切事物不都可以从中得到反映么？

今天，有机会和各位同志见面，感到很高兴。杭州的科学技术协会及各学会，对于学术活动及科普工作曾有过很大贡献，我首先表示热烈的祝贺。杭州是人间天堂，我有幸在此地工作过，也住过家，那是四十几年前的事。后来也来过几次，最后一次是在 1975 年。因此，我对杭州有特别感情，把它当作第二故乡，今天能和这么多的乡亲，欢聚一堂，非常值得纪念。既然见面，就要讲话，讲什么呢，三句不离本行，还是讲点科学问题。在座同志和我都是同行，很希望大家对我的讲话，不客气地给予批评，解放思想，该说的就说，让我好多受教益，我在此预先道谢。

今天讲的题目是“科学理论大众化”。可能有人认为这个题目不合适。科学理论如同高山一样，在平地上的广大群众，如何能爬得上去呢？为大众介绍科学知识，是应当的，不足为奇，以前就有过《科学大众》刊物，但是要使广大群众，都能接受科学理论，那就无异于痴人说梦。好吧，现在让我来说一次梦话吧！

附录：

在杭州座谈会上的发言稿

四个现代化的目的是通过生产现代化，把我国建设得更加富强起来，同时也要由于物质丰盛而带动文化的现代化。在我们五千年的泱泱大国，文化悠久不必说，就从生产来讲，有过四大发明及各种科学技术成就，在世界历史上，一向是领先的。也就是说，在古代是曾经有过那时的现代化的。最显明的例证是：我国国土在世界上不是最大，而人口是最多，即由于农业及医药方面历来的现代化。可惜的是，在15世纪以后，我国科学技术就逐步落后于欧洲。到了今天，我们有责任，恢复过去的传统，把科学技术，重新振兴起来。

科学是理论，技术是实践，理论与实践是统一而又相互促进的，科学与技术也是这样。恩格斯说，科学的发生与发展都是由生产决定的，但其中起杠杆作用的是技术。生产的需要推动技术的进步，技术中的问题靠科学来解决。科学的成就又引起技术的创新。可见，在生产中技术是处于被动地位的，而科学则是主宰一切的。然而，对生产来说，技术是看得见的，而科学是在幕后的。尽管忽然一时，生产可以大发展，技术可以大革命，如果没有科学理论做后盾，那都是不可能持久的。科学理论是科学技术现代化的关键。我们在全国搞四个现代化,就更需在广大群众中普及科学理论。

一个国家的科学技术,当然是由专家、学者、教授、工程师开路的,但全国的科学技术水平,是由广大人民决定的;犹如一个国家健康标准,不是由运动场上的冠军决定的一样。水平非浪头,不是一时一地的现象。

我国人民勤劳勇敢,在历史上,创立了我们伟大的祖国,在地理上,我国的华侨几乎遍天下。所有我国派往各国留学的,学业成绩,素不后人。只要有适当条件,我国人民不但可以熟悉技术,而且可以掌握科学理论。我认为,在我国扫除"科学盲",并不难于扫"文盲"。

所谓扫除"科学盲"就是要使"科学理论大众化"。这里所谓"大众",包括:(1)脱产学习的中学、大学学生;(2)在生产中的工人农民;(3)各行各业的劳动者。如何能使这三种"大众",尽快掌握科学理论呢?当然,所能掌握的科学理论水平,这三种"大众"是不一样的,是有高有低的。

现在,我国的广大人民群众,要掌握科学理论,有三个途径可走:(1)脱离生产去进中学、大学;(2)一面生产,一面去受业余教育(包括短期训练班);(3)在社会活动中,接受科普宣传。

这里有一重要问题,即是如何讲授科学,是为科学而讲科学呢，还是为生产而讲科学呢？现在的普遍情况，是为科学而讲科学。一上科学课，所听的就是数学、物理、化学，或者是天文、地理、生物等，而听不到同自己的生产工作有任何直接关系。一位种水稻的农民或制造螺丝钉的工人，要想学一些生产水稻或生产螺丝钉的原理，以便技术革新，但上了科学课，听来听去，听不到自己要想知道的科学理论，而是在课堂上“一锅煮”，不管你是谁，讲的都是那一套，今年如此，明年也一样，听来听去，只好不听了！

能够批评讲课的人吗？不能！因为要讲科学，就只有数、理、化、天、地、生，他能怎样变花样呢？他根本没有一本水稻科学理论或螺丝钉科学理论的书，他如何能满足群众的需要呢？

这里就牵涉到一个非常重要的“科学体系”问题。现在只有一个“数、理、化、天、地、生”的科学体系，而没有与生产有关的如同“水稻科学”或“螺丝钉科学”的“科学体系”。

现在一般所谓“科学”即“自然科学”，其内容是为了认识和了解自然界各种物质的性质和现象及其变化的规律。由性质定现象，由变化规律预测新现象。把同一现象的变化规律，整理出一套系统，这个系统就名为“学科”，比如声、光、热、电等，把它们综合起来，就名为“物理学”。把数、理、化、天、地、生各学科，组合起来，就成为现行的“科学体系”，名为

“专门科学”。

在任何农工业生产的过程中，都要遇到很多的自然界的错综复杂的现象，是很多现有的学科里的自然现象结合在一起的，成为连续不断的自然现象的一个“电影片”。水稻生产里有“水稻电影片”，螺丝钉生产里有“螺丝钉电影片”，这两个“电影片”不能成为两个“学科”吗？推而广之，每一种生产，其产品成形的过程中，所遇到的自然现象及其变化，必然有其“所以然”的理由，这便是科学理论。因而每一产品的生产理论就形成一个新的“学科”，因而所有工农业生产中的数不胜数的学科，就形成一个现在所无的“科学体系”，我名之为“专业科学”，它应它与现行的“专门科学”的体系并存。（见《光明日报》1961年3月6日及7日）

不言而喻，“专业科学”里的“学科”是多得不计其数的，每一“学科”，都要一本教科书，这无其数的教科书，怎样写成呢？但是，只要想到，每一种产品该要多少生产者，少则几万多则十万、上百万，难道不值得为他们写书吗？

有了“专业科学”，在业余教育及科普工作中的教科书或讲稿，就一定能写得合乎群众要求了，因为所讲的“学科”，正是与群众的工作相结合的。

至于脱产学习的大学或中学学生，所用的教科书属于“专门科学”，当然是可以的，因为学生本来不生产，不工作，是为学科学而学科学的。但是，在工农科大学里是要学专业的。现在的工农科大学，把科学理论课放在第一年级，各种专业课放在高年级，把理论课叫作“基础课”。姑且不论，理论与专业，谁是基础，也就是，理论与实践，谁是基础，就从学习来说，专业课是属于实物形象的认识，生产过程的了解。理论课是属于为何有此形象，为何需要这种过程的理由，换句话说，专业课是为了“知其然”，理论课是为了“知其所以然”，从教育立场说，应当“先知其然，后知其所以然”，但现在大学，一般却把这次序倒过来了，这岂不是把“理性认识”放在“感性认识”之前，脱离了现实吗？我认为，应当根据学生所选专业（如何帮助学生选专业是另一重要问题），在第一年级就讲这专业的概貌，接着讲有关理论的大义，以后第二、三年级讲对专业的进一步了解，接着讲其相关理论，第四年级大讲理论，包括数学的微积分（现在第一年级讲微积分，对学生是一道大关）。这种课程的安排，可名为“专业基础上理论化”，有一特别优点。现在大学四年毕业好像造一大宝塔，第一年造塔基，然后每年造较小一层，到第四年造塔顶，成一大宝塔，中途不能停止，停止则不成形。在这新的课程安排中，第一年即造一小宝塔，然后逐年放大，到第四年成最后宝塔，但每年有宝塔可用，虽然大小不同，亦即学一年有一年之用，需要时不等到四年，中途亦可出而任职，快出人才。

再举一“先知其然,后知其所以然”的例子。如学牛顿定律,现在都是先讲定律,后做实验,假如反过来,先做实验,从中得到启发,然后授以定律,不是了解更深吗?

四个现代化都要以成果出现,但成果必须要能经受实践的考验,考验的成败,在于理论根据是否正确,由此足见科学理论的重要性。理论要能大众化,才能经得起大众的考验,大众有了理论,必可加速四个现代化!

1980 年 10 月

自学是全民教育的坦途

教育制度作为经济基础的上层建筑，是应随其经济的发展而发展，社会的进步而前进的。也就是说，从一个国家的教育水平上，可以看出一个民族的兴旺和发达，一个国家的繁荣与昌盛。因此，办好教育对于建设社会主义高度的精神文明，有着极其重要的意义。但在目前，由于我国在人力物力上还存在着种种困难，很难使教育事业得以蓬勃发展，这就要求我们大力开展一个全民自学的运动，来弥补我国在这方面的不足。

所谓自学是相对公学而言的，我国现行的教育制度乃是自清末以来，从国外引进的一种“新式教育”，虽然近百年来，它为我国培育出了大批人才，但从整个教育进程上看，它还是一种不太健全的教育制度，更适应不了我国目前的具体情况，其弊处有三：

（1）学生在校的全部时间不从事生产劳动，他们所花费的教育费和教师工资均由国家担负，因而使学校变成社会的一种特殊的“阶层”。

（2）一个学校的招生量有限，就目前我国现有的学校而论，很难满足我们这个人口众多的国家的需要，尤其是当前教育，更出现了不平衡的状况，即：中心城市优于边远地区，沿海优于内地，工业发达地区优于落后地区等。

（3）学生入校前须通过相同题目的考试，录取后，用相同内容的教科书，做相同时间的学习，最后，学习期满后，又用相同的题目考试，给予相同的标准准予毕业。这样集体学习的结果，是把人训练成有同样智力、同样常识、同样水平的“机器人”，绝无发挥个人独特才智之可能。这也如同商品的制造一样，选用同一的原料，同一规格，同一的制作方法，最后又经检验生产出合格的同一的产品。但同样的产品可能有指定的用途，可学生毕业后，则各行其路，不可能工作在他最适当的工作环境里……

由此可见，“新式教育”的缺陷是不能忽视的：学生不生产，所用经费势必会加重国家的经济负担；招生量的限制，必然要阻碍科学文化的普及；而“同一”的集体教育法也一定会导致学生思维的简单化并影响培育人才的速度。故此，我们说自学无论在广度、深度和范围上都远远胜于公学，从某种意义上讲,它是公学的延续和补充。

“自学”这个词并不是近年来才提倡的一种学习方法,它是我国数千年来,在“新式教育”制度输入以前就固有的一种最行之有效的自我教育的方法。直到19世纪末,我国还盛行着在“书院”“私塾”里自学的教育方式,如由一位老师开班,传授七八个门徒,各读各的书(当然读的只是“四书五经”)。这种形式的教育,还可以上溯到我国的宋代,或更早的夏代、殷代和周代。据孟子在《滕文公》中记载,各地“设为庠、序、学、校以教之,庠者养也,校者教也,序者射也,夏曰校,殷曰序,周曰庠,学则三代共之,皆所以明人伦也”。不过,当时的“学校”,较之现在的学校,有质的区别,它不是按期分班地招收学生,而是由几位学识渊博的老师搞教导工作,学生带着问题到“学校”里来,先生负责讲解或教授。这也有点儿像我们今天所办的学会,为社会提供尖端技术和科技咨询一样。它的好处是能在全国范围内提供自学成才的条件,并按其自己选择的专业,通过国家的统一考试,分为秀才、举人、进士等“学位”,以确定每个人所具有的学识,然后再按其所长,分配适当工作,达到合理使用人才的目的。这对于地大人多,难以大力发展正规教育的国家,尤其是我国,确是一种可以采取的教育制度,它既不需国家支出大量的资金,而且,各人自学,还可以选择最适合自己兴趣、条件及时间和进程的内容，比起目前正规学校里脱离生产的集体学习，自由得多，也方便得多。再有一点就是，在自学的过程中，可以充分结合自己的具体工作情况和生活情况，更深地体会书本上的一些深奥难懂的题目，真正做到理论与实践相结合。

总而言之，自学制度确是一种比较理想的学习方法，只要大家重视，人人努力，由国家和地方广设一些日夜开放的自学辅导中心，并带有导师、图书馆、科技实验室及一些有助于自学的设施，给自学者提供一个有效的辅导，这种自学的教育方法的效果，就一定会胜于脱离生产的"公学"，因而也就会在我们这个拥有十亿人口的国家里发挥出最广泛、最实际的作用，使之更快地促进我国的四个现代化和振兴中华！

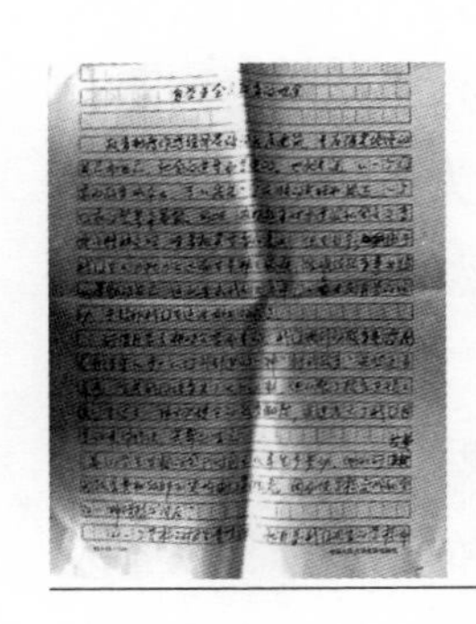

自学是全民教育的坦途